COURS DE SCIENCES PHYSIQUES ET NATURELLES

RÉPONDANT AUX NOUVEAUX PROGRAMMES OFFICIELS

ÉLÉMENTS

DE CHIMIE

PAR F. G.-M.

CLASSE DE QUATRIÈME

MÉTALLOÏDES

TROISIÈME ÉDITION

TOURS

MAISON A. MAME & FILS

IMPRIMEURS-ÉDITEURS

PARIS

J. DE GIGORD

RUE CASSETTE, 15

ET CHEZ LES PRINCIPAUX LIBRAIRES

N° 281 A

ÉLÉMENTS DE CHIMIE

COURS DE SCIENCES PHYSIQUES ET NATURELLES
RÉPONDANT AUX NOUVEAUX PROGRAMMES OFFICIELS

ÉLÉMENTS DE CHIMIE

Par F. G.-M.

CLASSE DE QUATRIÈME

MÉTALLOÏDES

QUATRIÈME ÉDITION

1920

TOURS | PARIS

MAISON A. MAME & FILS | J. DE GIGORD

IMPRIMEURS-ÉDITEURS | RUE CASSETTE, 15

ET CHEZ LES PRINCIPAUX LIBRAIRES

PROGRAMME OFFICIEL DU 31 MAI 1902

Modifié par l'Arrêté du 4 Mai 1912.

CLASSE DE QUATRIÈME

ÉLÉMENTS DE CHIMIE

PRÉLIMINAIRES

1. Divers états de la matière. — Parmi les corps qui nous entourent, les uns ont *une forme* et *un volume déterminés*, indépendants du lieu qu'ils occupent ; tels sont : une pierre, un morceau de fer, etc. Ils sont appelés des **corps solides.**

D'autres ont *un volume déterminé*, mais *leur forme varie* avec celle du vase qui les contient ; tel est le cas de l'eau, du vin, de l'huile, etc. Ce sont les **corps liquides.**

D'autres enfin ont *un volume* et *une forme* qui dépendent du récipient qui les renferme ; ainsi l'air, la vapeur d'eau, le gaz d'éclairage, remplissent toujours complètement l'espace qui leur est offert. Ces corps sont appelés **corps gazeux** ou simplement **gaz.**

A la pression atmosphérique ordinaire, l'eau est à l'état solide au-dessous de 0° ; à l'état liquide, entre 0° et 100° ; à l'état gazeux, pour toute température supérieure à 100°.

Le soufre est à l'état solide au-dessous du 115° ; à l'état liquide, entre 115° et 440° ; à l'état gazeux, pour toute température au-dessus de 440°.

La plupart des corps peuvent ainsi exister sous les trois états, si on les place dans des conditions convenables de température.

2. Propriétés des corps. — En comparant un morceau de fer et un bloc de pierre, il est facile de se rendre compte que ces deux corps diffèrent l'un de l'autre par la couleur, la dureté, la densité, etc.

De même, si l'on verse du vin dans un verre, et de l'eau dans un autre, la couleur, l'odeur et la saveur des deux liquides ne seront pas les mêmes, ce qui permettra de les distinguer facilement.

Ces différentes qualités : couleur, odeur, saveur, densité, etc., s'appellent **propriétés** des corps.

Parmi ces propriétés, il en est qui sont communes à tous les corps. Ainsi, tous les corps sont pesants, tous éprouvent des variations de volume sous l'action de la chaleur, etc. Ces **propriétés** sont dites **générales**. Il en est d'autres qui, comme la couleur, l'odeur, la saveur, etc., varient d'un corps à autre. Ainsi le *soufre* a une couleur *jaune* ; le *chlore* a une *odeur* qui lui est propre. Ces qualités spéciales, qui permettent de distinguer un corps d'un autre, s'appellent **propriétés particulières**.

3. **Phénomènes physiques et chimiques**. — Les propriétés des corps peuvent subir des changements plus ou moins profonds. Ainsi un morceau de fer, abandonné à l'air humide, change de couleur et augmente de poids. Un fragment de verre, chauffé vers 400°, perd sa dureté et devient mou. Ces changements de propriétés constituent ce que l'on appelle des **phénomènes**.

Si le fer altéré est soustrait à l'action de l'air humide, il reste altéré ; au contraire, si le verre mou se refroidit, il redevient dur.

Ainsi, des deux changements observés, l'un est *durable :* c'est un **phénomène chimique** ; l'autre n'est que passager, il cesse avec la cause qui l'a produit : c'est un **phénomène physique**.

La production d'un phénomène chimique s'appelle encore **réaction chimique**.

Les causes qui facilitent la production de ces réactions sont nommées **agents chimiques**. Les principaux agents chimiques sont : la chaleur, l'électricité et la lumière.

4. Objet de la Chimie. — *La Chimie est la science qui a pour objet d'étudier les* propriétés particulières *des* corps, et les phénomènes *qui modifient ces propriétés d'une manière durable.*

Chaque corps est *caractérisé* par un ensemble de propriétés particulières, qui le distinguent de tout autre, et permettent ainsi de le reconnaître.

5. Corps simples. — *On appelle* corps simples, *ceux dont on n'a pu extraire jusqu'ici qu'une seule substance ou* élément. Les corps simples se divisent en deux catégories : les *métalloïdes* et les *métaux.*

Les *métalloïdes* sont des corps simples généralement dénués de l'éclat métallique, et qui conduisent mal la chaleur et l'électricité.

Les *métaux* sont des corps simples qui possèdent l'éclat métallique et conduisent bien la chaleur et l'électricité.

6. Corps composés. — Les **corps composés** sont ceux qui sont formés de plusieurs éléments ; ils sont *binaires, ternaires* ou *quaternaires,* suivant qu'ils contiennent deux, trois ou quatre éléments distincts.

7. Analyse. — *On appelle* analyse *une opération qui a pour but de déterminer les éléments d'un corps composé.*

L'analyse est dite **qualitative**, si elle se borne à chercher la nature des éléments, et **quantitative**, si elle précise le volume ou le poids de ces éléments.

Ainsi, décomposer l'eau en oxygène et en hydrogène, c'est en faire l'*analyse qualitative.* Constater que la décomposition a donné deux volumes d'hydrogène pour un volume d'oxygène, ou que 9^{gr} d'eau sont formés de 1^{gr} d'hydrogène et de 8^{gr} d'oxygène, c'est en faire l'*analyse quantitative.*

L'analyse faite en soumettant un corps à l'action du courant électrique s'appelle *électrolyse.*

8. Synthèse. — *La* synthèse *est une opération inverse de l'analyse; elle a pour but de reconstituer un composé à l'aide de ses éléments.*

Ainsi lorsque le gaz hydrogène brûle dans l'oxygène, il se produit de la vapeur d'eau que l'on peut condenser et recueillir : on a fait la synthèse de l'eau.

9. Mélange. — *Un* **mélange** *est la réunion de deux ou plusieurs corps, qui conservent leurs propriétés particulières, et dont les proportions relatives sont arbitraires.*

Par exemple, si l'on mêle de la limaille de fer et de la fleur de soufre, en proportion quelconque, on obtient une poudre qui n'est homogène qu'en apparence, car au microscope on distingue très bien les grains de soufre de ceux de fer. En promenant un aimant au sein de la masse, on peut séparer complètement le fer d'avec le soufre. C'est un mélange.

10. Combinaison. — *Une* **combinaison** *est un corps composé, dont les propriétés diffèrent de celles des composants, et dans lequel les éléments sont associés en proportion déterminée.*

Par exemple, si l'on chauffe du soufre avec de la limaille de cuivre, ces deux substances s'unissent intimement, et l'on obtient un corps nouveau, le sulfure de cuivre, dont les propriétés ne rappellent en rien celles des éléments qui lui ont donné naissance. Dans ce nouveau corps, il est impossible, même avec les microscopes les plus puissants, de distinguer le soufre du cuivre. C'est une combinaison.

On appelle aussi *combinaison* la réaction qui s'opère entre divers éléments, au moment où ils s'unissent pour former un corps composé.

Les combinaisons dont l'un des éléments est l'oxygène sont dites *oxygénées.* Les composés oxygénés qui cèdent facilement leur oxygène sont encore appelés *oxydants.* Telles sont les combinaisons de l'azote et de l'oxygène.

Certaines combinaisons en s'effectuant dégagent de la chaleur, d'autres en absorbent; les premières sont appelées *exothermiques,* et les secondes *endothermiques.*

CHAPITRE I

EAU : $H^2O = 18$

11. Historique et état naturel. — Pendant longtemps l'*eau* fut regardée, avec l'air, la terre et le feu, comme l'un des quatre éléments de la nature. Lavoisier en fit le premier l'analyse, à la fin du xviii° siècle, et constata qu'elle est composée d'hydrogène et d'oxygène.

12. Propriétés physiques. — L'eau pure est un liquide incolore sous une *faible épaisseur*, inodore et insipide. A 4°, l'eau présente un *maximum de densité*, qui est l'unité de densité adoptée pour tous les corps solides ou liquides.

Par définition, le *gramme* est la masse d'un centimètre cube d'eau pure, à 4° centigrades.

Sous la pression de 76^{cm}, l'eau entre en ébullition à une température qui a été prise pour la 100° division du thermomètre centigrade; tandis que la température à laquelle elle se solidifie a été choisie pour le zéro de la même échelle thermométrique.

L'eau cristallise en prismes hexagonaux groupés avec une admirable régularité (fig. 1); ce sont ces cristaux qui

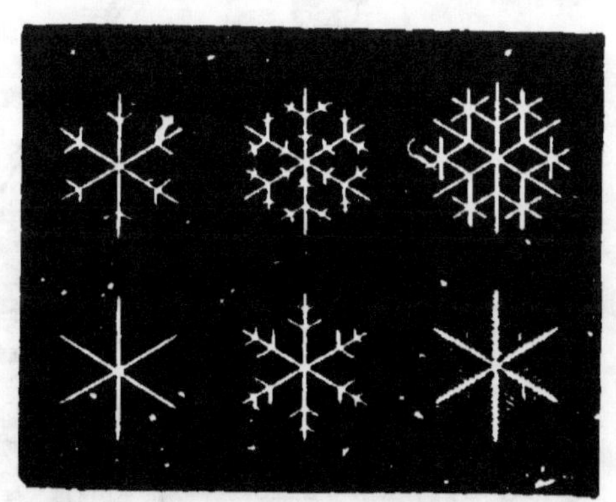

Fig. 1. — Étoiles de cristaux de neige vues avec une loupe grossissant environ 16 fois en surface.

forment, en hiver, les élégantes arborisations que l'on observe quelquefois sur les vitres des appartements.

En se solidifiant, l'eau augmente de volume; par consé-
quent, sa densité diminue, elle devient 0,92; c'est pourquoi
la glace flotte sur l'eau. Cet accroissement de volume explique
divers phénomènes qui se produisent pendant l'hiver : rupture des pierres poreuses dites gélives et des conduites ou des
vases remplis d'eau, déchirement des tissus végétaux, etc.

Pouvoir dissolvant. — L'eau peut dissoudre, en proportions différentes, un grand nombre de corps solides, liquides
et gazeux, et se charger ainsi d'éléments qu'elle abandonne
par évaporation.

La solubilité des gaz varie avec leur nature, la température et la pression. Les gaz les plus solubles dans l'eau sont
le gaz ammoniac, l'acide chlorhydrique, l'anhydride sulfureux, etc.; l'oxygène et l'hydrogène sont peu solubles. C'est
grâce à l'air dissous dans l'eau que les poissons peuvent
respirer. *L'eau de Seltz* est de l'eau ordinaire qui renferme
en dissolution du gaz carbonique.

**13. Manière de recueillir les gaz dissous dans
l'eau.** — Pour recueillir les gaz dissous dans une eau, on en

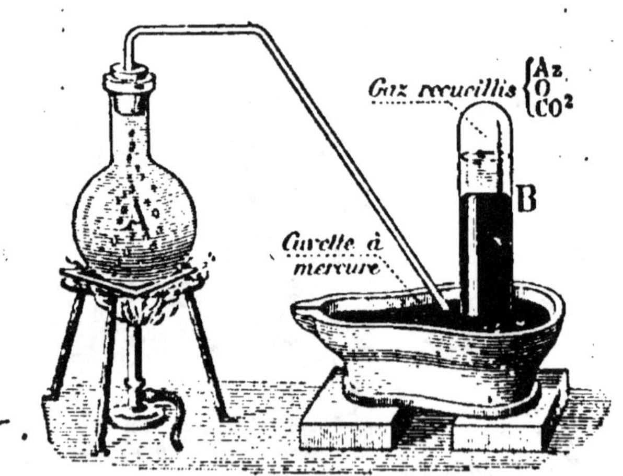

Fig. 2. — Extraction des gaz de l'eau.

remplit un ballon A qu'on ferme avec un bouchon traversé
par un tube recourbé, plein de la même eau, et qui débouche
sous une éprouvette à mercure B (fig. 2). On chauffe à

l'ébullition : les gaz dissous se rendent au sommet de l'éprouvette. Ils sont recueillis, et traités par la potasse qui retient
le gaz carbonique ; le phosphore absorbe l'oxygène ; l'azote
reste seul.

14. Propriétés chimiques. — Action de la chaleur. —
L'eau est décomposée partiellement par la chaleur seule,
vers 1000° ; c'est-à-dire qu'à cette température l'hydrogène
et l'oxygène se séparent ; on dit alors que la vapeur d'eau
se *dissocie*.

Action des métalloïdes. — Le *chlore* décompose l'eau
sous l'action de la lumière solaire, en s'emparant de l'hydrogène et en mettant l'oxygène en liberté.

Quand on fait passer de la vapeur d'eau sur du *charbon*
chauffé au rouge, il en résulte un mélange combustible
d'hydrogène et d'oxyde de carbone, connu sous le nom de
gaz à l'eau ; c'est pourquoi les forgerons projettent un peu
d'eau sur le charbon de leur forge, afin d'en activer la combustion.

Action des métaux. — Au contact du *potassium*, l'eau
se décompose : il se produit de l'hydrogène qui s'enflamme,
et de la potasse qui se dissout
dans l'eau (fig. 3).

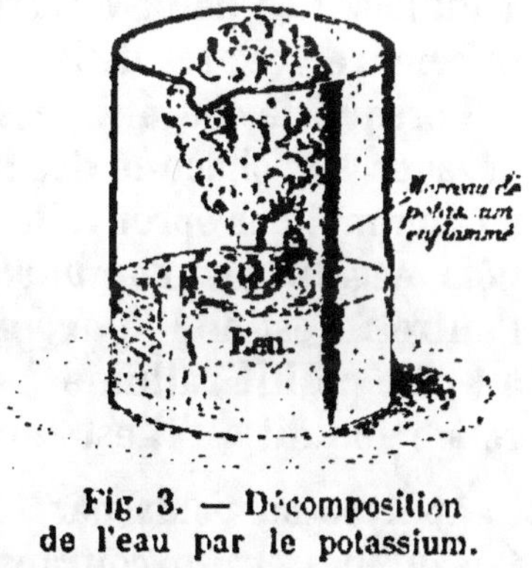

Le *sodium* décompose également l'eau ; mais l'hydrogène ne
s'enflamme que si l'on empêche
le sodium de se déplacer à la surface du liquide, par exemple en
gommant l'eau que contient le
cristallisoir.

Tous les *autres métaux*,
à l'exception des *métaux pré-
cieux*, décomposent l'eau à une température plus ou moins
élevée ; ainsi, le fer la décompose au rouge.

Fig. 3. — Décomposition
de l'eau par le potassium.

**15. Analyse de l'eau. — Analyse en volume par l'élec-
tricité. — Cette analyse se fait au moyen du *voltamètre*.

Le voltamètre (fig. 4) est un vase de verre, rempli d'eau acidulée par l'acide sulfurique, et dont le fond est traversé

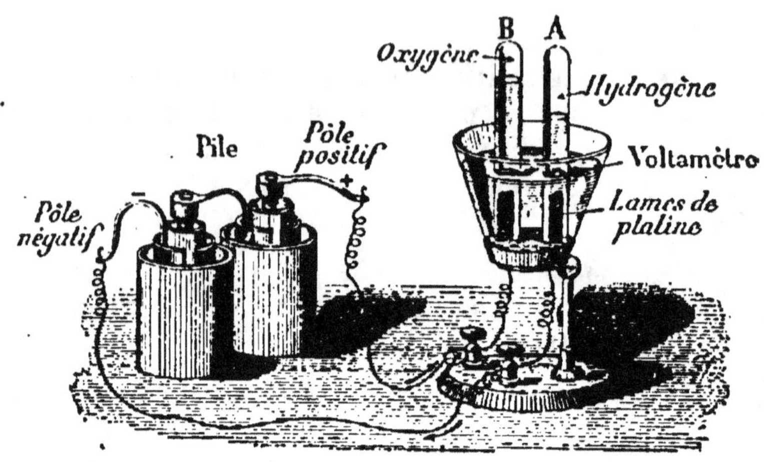

Fig. 4. — Décomposition de l'eau par la pile.

par deux lames métalliques, ordinairement en platine, isolées l'une de l'autre par une substance qui ne conduit pas l'électricité. La partie supérieure de chaque lame ou électrode est coiffée d'une éprouvette également remplie d'eau acidulée. Les deux électrodes sont reliées par leur partie inférieure avec les deux pôles d'une pile.

Lorsque le courant passe, on voit des bulles gazeuses se dégager sur chacune des lames de platine et se rassembler au sommet des éprouvettes. Le gaz de l'éprouvette placée au pôle négatif est *combustible* et a un volume double de l'autre : c'est de l'*hydrogène*. Le gaz de l'éprouvette placée au pôle positif rallume une allumette présentant un point rouge ; on dit qu'il est *comburant* : c'est de l'*oxygène*.

Analyse en poids par le fer. — Lavoisier l'a réalisée en faisant passer un courant de vapeur d'eau sur des fils de fer chauffés au rouge sombre (700°) dans un tube de porcelaine. Le fer fixe l'oxygène de l'eau pour former de l'*oxyde salin* ou *oxyde magnétique* de fer Fe^3O^4, et l'hydrogène est recueilli (fig. 5).

Si du poids de l'eau décomposée on retranche celui de

l'oxygène, indiqué par l'augmentation de poids du fer, il reste le poids de l'hydrogène.

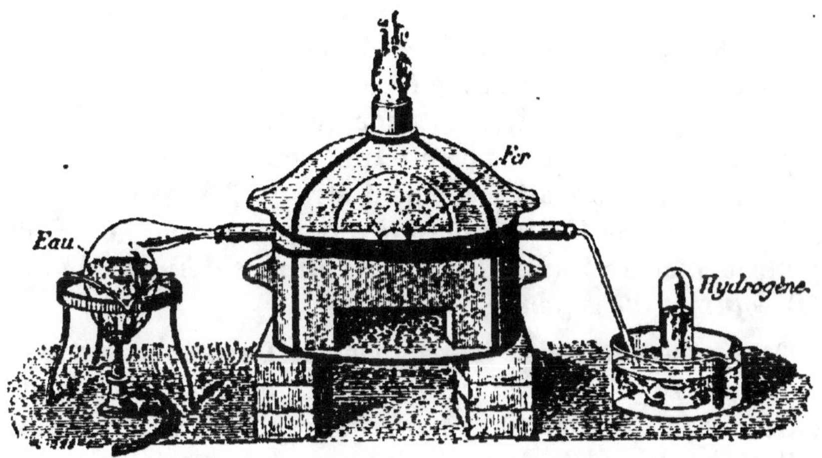

Fig. 5. — Analyse de l'eau par le fer au rouge.

16. Synthèse de l'eau. — 1° Synthèse en volume par l'eudiomètre à mercure. — L'eudiomètre (fig. 6) se com-

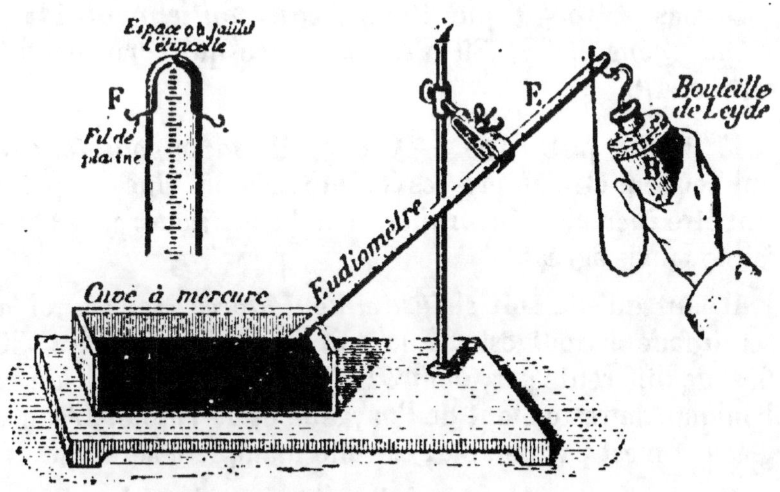

Fig. 6. — Synthèse eudiométrique de l'eau.

pose essentiellement d'un long tube de verre gradué, à parois résistantes, et traversé, à la partie supérieure, par

1*

deux tiges métalliques dont les extrémités sont en regard l'une de l'autre.

Dans ce tube qui repose sur la cuve à mercure, on introduit 100 volumes d'hydrogène et 100 volumes d'oxygène, puis on fait jaillir l'étincelle électrique. Il y a combinaison des deux gaz, formation et condensation de vapeur d'eau. On constate alors qu'il ne reste plus que 50 volumes d'un gaz que l'on reconnaît facilement être de l'oxygène.

Donc, sur les 150 volumes de gaz qui se sont combinés pour former de l'eau, il y a 100 volumes d'hydrogène et 50 volumes d'oxygène.

2° Synthèse en poids. — Méthode de Dumas.

PRINCIPE. — *On réduit un poids connu d'oxyde de cuivre par un courant d'hydrogène pur et sec ; puis on détermine le poids de l'eau formée et la perte de poids de l'oxyde.*

Cette perte est le poids de l'oxygène qui entre dans a composition de l'eau. La différence entre le poids de l'eau formée et le poids de l'oxygène fait connaître le poids de l'hydrogène.

Dumas a trouvé que 100^{gr} d'eau contiennent 11^{gr},11 d'hydrogène et 88^{gr},89 d'oxygène; ce qui correspond au rapport 1/8.

17. Eaux potables. — On appelle *eaux potables* celles qui peuvent être employées comme boisson. Une eau potable doit être *incolore* et *limpide, fraîche* et *inodore*, de saveur faible, mais agréable.

Il faut qu'elle soit *suffisamment aérée*, sans quoi elle serait fade et indigeste. Elle doit contenir, par litre, 30 à 55^{cc} de différents gaz, dont 42 $\%$ environ d'anhydride carbonique, le reste étant de l'oxygène et de l'azote. L'eau des glaciers n'est pas potable, car elle manque d'aération.

Une bonne eau potable doit renfermer des sels minéraux dans une faible proportion. Quelques sels de chaux, tels que le phosphate et le carbonate, sont utiles au développement du système osseux ; mais le sulfate de calcium devient nuisible dès qu'il atteint seulement une proportion de 0^{gr},2 par litre. L'eau chargée de sulfate de calcium est dite *séléniteuse*.

Les *eaux incrustantes* sont des eaux chargées de carbonate de calcium, qu'elles laissent déposer en arrivant au contact de l'air (fontaine Saint-Allyre, à Clermont-Ferrand).

Les eaux, soit séléniteuses, soit trop calcaires, précipitent le savon de ses solutions ; elles sont donc impropres au savonnage, et ne peuvent non plus servir à la cuisson des légumes, qu'elles durcissent.

Les eaux contaminées sont purifiées : 1° par *stérilisation*, en les soumettant à une température capable de faire disparaître tout germe vivant ; 2° par *filtration* à travers des interstices d'une grande ténuité.

Les *filtres communs* sont d'ordinaire composés de couches alternatives de sable et de charbon de bois, disposées dans le sens horizontal, et que l'eau traverse lentement de haut en bas.

Pour obtenir une filtration parfaite, on se sert du *filtre Chamberland* (fig. 7).

Le filtre Chamberland se compose essentiellement d'un tube en porcelaine dégourdie appelé bougie. Celle-ci est placée dans un cylindre métallique résistant qui se visse sur les robinets de distribution. L'eau ne peut alors s'écouler qu'en traversant, sous pression, les parois du tube de porcelaine, qui retiennent les impuretés.

Quand l'appareil a fonctionné quelque temps, il faut brosser fortement la bougie, la laver à grande eau, et la plonger dans de l'eau bouillie et acidulée par de l'acide chlorhydrique.

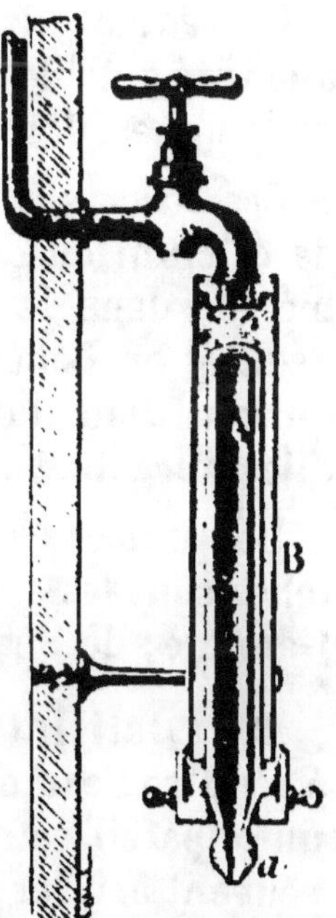

Fig. 7.
Filtre Chamberland.

18. Eaux minérales. — Les *eaux minérales* sont des eaux naturelles, chaudes ou froides, contenant en dissolution des gaz ou des sels qui leur donnent des propriétés curatives. Elles sont appelées *eaux thermales* quand leur température dépasse 20°.

Les *eaux sulfureuses* renferment de l'acide sulfhydrique H^2S, qui leur communique une odeur d'œufs pourris ; telles sont les eaux d'Aix-les-Bains, en Savoie ; de Barèges, dans les Hautes-Pyrénées ; des Eaux-Bonnes, dans les Basses-Pyrénées.

Les *eaux chlorurées* renferment du chlorure de sodium $NaCl$; telles sont celles de Bourbon-l'Archambault, dans l'Allier ; de Salies-de-Béarn ; de Wiesbaden, en Allemagne.

Les *eaux alcalines* contiennent des bicarbonates alcalins ; telles sont celles de Vichy, dans l'Allier ; de Vals, dans l'Ardèche.

Les *eaux gazeuses* renferment du gaz carbonique, en quantité notable ; telles sont les eaux de Seltz, en Allemagne ; de Pougues, dans la Nièvre, etc. Elles facilitent la digestion.

Les *eaux sulfatées* renferment des sulfates de sodium, de calcium ou de magnésium ; telles sont celles de Plombières, dans les Vosges ; d'Epsom, en Angleterre ; de Sedlitz, en Bohême ; de Villacabras, en Espagne. Les eaux qui renferment du sulfate de sodium ou de magnésium sont dites purgatives.

Les *eaux ferrugineuses* contiennent des sels de fer ; telles sont les eaux de Bagnères-de-Luchon, dans la Haute-Garonne ; de Spa, en Belgique ; de Passy, à Paris.

19. Distillation de l'eau. — Cette opération consiste à réduire l'eau en vapeur, et à condenser cette vapeur dans un appareil refroidi. Les corps étrangers non volatils ne peuvent arriver dans le réfrigérant.

L'appareil employé se nomme *alambic*. Il est facile de se rendre compte de son fonctionnement à l'aide de la fig. 8.

20. Eau oxygénée. — *L'eau oxygénée*, H^2O^2, résulte de la combinaison de l'eau avec l'oxygène.

C'est un liquide sirupeux, incolore, facilement décomposable par la chaleur en eau et en oxygène, ce qui en fait un oxydant énergique. Elle blanchit la peau en produisant une sensation de brûlure. Elle transforme facilement le sulfure de plomb, qui est noir, en sulfate de plomb, qui est blanc ; aussi l'emploie-t-on pour la restauration des vieux tableaux, les couleurs à base de plomb ayant noirci par sulfuration avec le temps.

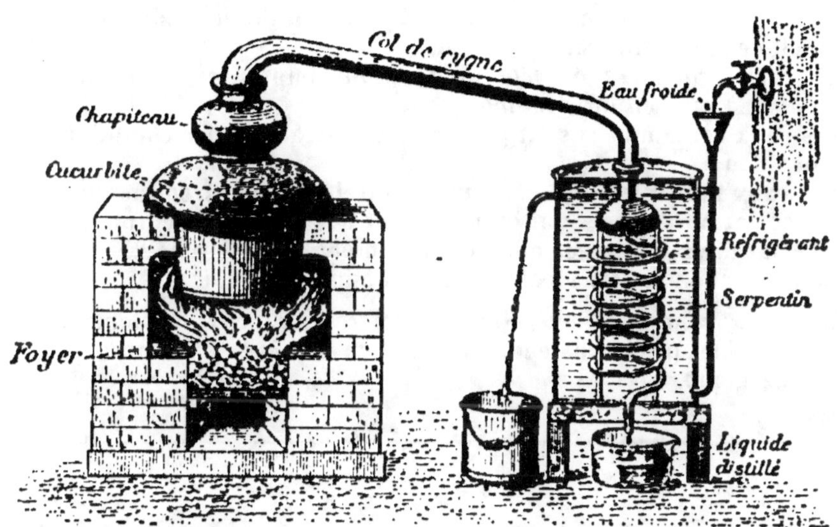

Fig. 8. — Alambic ordinaire.

RÉSUMÉ

L'eau pure est un liquide incolore sous une faible épaisseur, inodore, insipide. Sous la pression de 76^{cm}, l'eau bout à 100° C, et se congèle à 0°.

L'eau augmente de volume en se solidifiant ; c'est ce qui explique la rupture, par le froid, des vases et des tuyaux remplis de ce liquide.

L'eau dissout un grand nombre de gaz, ou de sels, qu'elle abandonne par évaporation. La solubilité varie avec la nature du corps dissous, la température et la pression.

L'eau peut être décomposée par la chaleur, l'électricité, le carbone, le chlore et tous les métaux, à l'exception des métaux précieux.

Dans l'analyse de l'eau, on utilise soit l'action de l'électricité, soit l'action du fer au rouge.

La synthèse de l'eau en volume se fait par la méthode eudiométrique ; on trouve que l'eau est formée de 2 vol. d'hydrogène et de 1 vol. d'oxygène, condensés en 2 vol. de vapeur.

Dumas a réalisé la synthèse en poids, en faisant passer un courant d'hydrogène sur de l'oxyde de cuivre chauffé. Il détermina ainsi que 9 gr. d'eau renferment 8 gr. d'oxygène et 1 gr. d'hydrogène.

Les usages de l'eau sont innombrables. Pour qu'elle puisse être employée pour l'alimentation, elle doit être limpide, incolore, inodore, aérée, et renfermer une faible proportion de sels minéraux. Une telle eau est dite *potable*.

Les eaux *calcaires* et *séléniteuses* sont impropres au savonnage et à la cuisson des légumes.

Les eaux contaminées sont généralement assainies par ébullition ou filtration.

Les eaux minérales sont des eaux naturelles, tenant en dissolution des gaz ou des sels qui leur donnent des propriétés curatives. Elles sont dites *thermales* quand leur température dépasse 20°.

La distillation se fait avec un appareil appelé *alambic*.

L'*eau oxygénée* est un liquide incolore, sirupeux, facilement décomposable, par la chaleur, en eau et en oxygène ; c'est un oxydant énergique.

CHAPITRE II

HYDROGÈNE : H = 1

21. Historique et état naturel. — L'*hydrogène* fut découvert et étudié par Cavendish[1], au XVIIe siècle.

Il entre, avec le carbone et l'oxygène, dans la constitution de presque tous les composés organiques. L'eau en contient le neuvième de son poids.

22. Préparation. — Dans les *laboratoires*, on attaque le zinc du commerce par l'acide sulfurique étendu. L'opération se fait dans un flacon à deux tubulures, dans lequel on introduit du zinc en grenailles et de l'eau (fig. 9) ; on verse ensuite peu à peu de l'acide sulfurique SO^4H^2 par un tube à entonnoir qui plonge dans l'eau du flacon. Le métal passe à l'état de sulfate de zinc SO^4Zn, et l'hydrogène se dégage.

---

[1] CAVENDISH, chimiste et physicien anglais (1731-1810).

Si l'on employait l'acide chlorhydrique, on obtiendrait du chlorure de zinc ZnCl², avec dégagement d'hydrogène.

Dans l'*industrie*, l'hydrogène servant au gonflement des ballons se prépare par l'électrolyse de l'*eau sodée*, qui est le seul procédé réellement industriel.

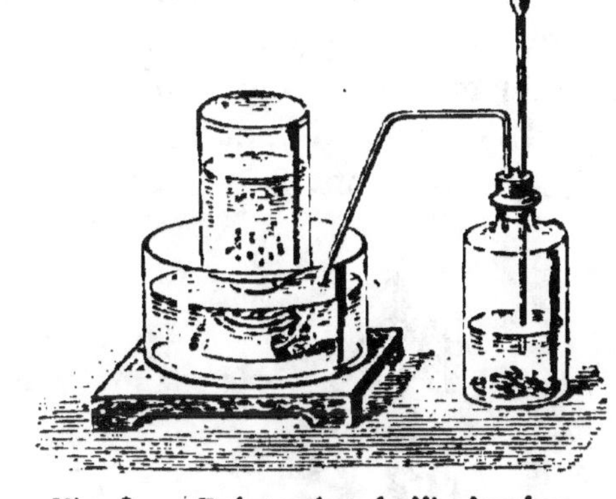

Fig. 9. — Préparation de l'hydrogène.

23. Propriétés physiques. — L'hydrogène est un gaz incolore, inodore et insipide quand il est pur. Il est peu soluble dans l'eau.

C'est le plus léger de tous les corps; sa densité est 14 fois 1/2 moindre que celle de l'air, c'est-à-dire égale 0,0694.

Son extrême légèreté permet de le faire passer d'une éprouvette dans une autre, comme l'indique la fig. 10. Il

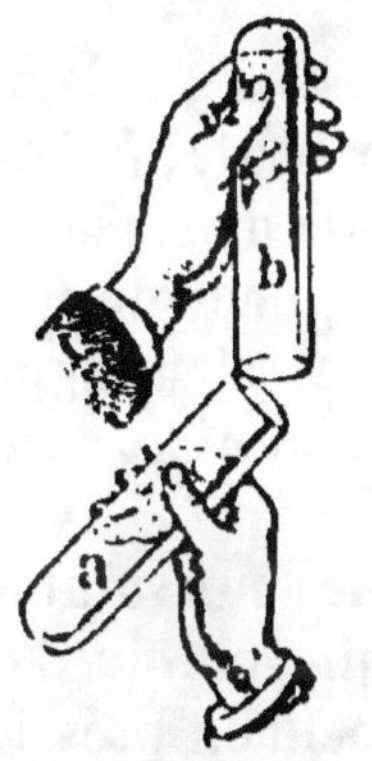

Fig. 10.
Transvasement de l'hydrogène.

Fig. 11.
Diffusibilité de l'hydrogène.

traverse avec la plus grande facilité les corps poreux; une feuille de papier bien sec, tendue sur l'orifice d'un flacon plein d'hydrogène, est traversée par le gaz, que l'on peut alors enflammer au-dessus de la feuille de papier (fig. 11).

24. Propriétés chimiques. — L'hydrogène brûle

avec une flamme pâle et très chaude (fig. 12), en se combinant avec l'oxygène de l'air pour former de la vapeur d'eau (fig. 13); mais il n'entretient pas la combustion.

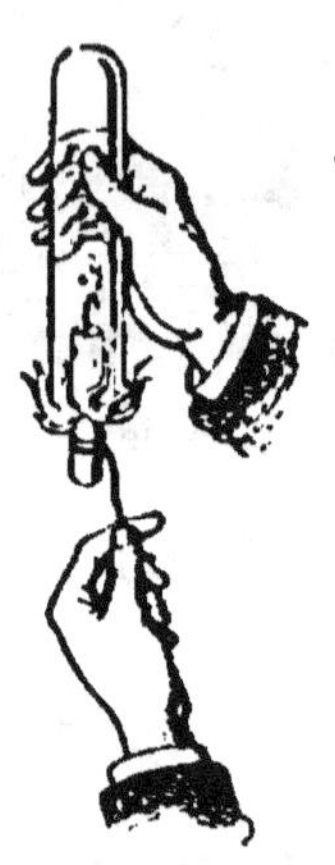

Fig. 12. — L'hydrogène est combustible mais n'est pas comburant.

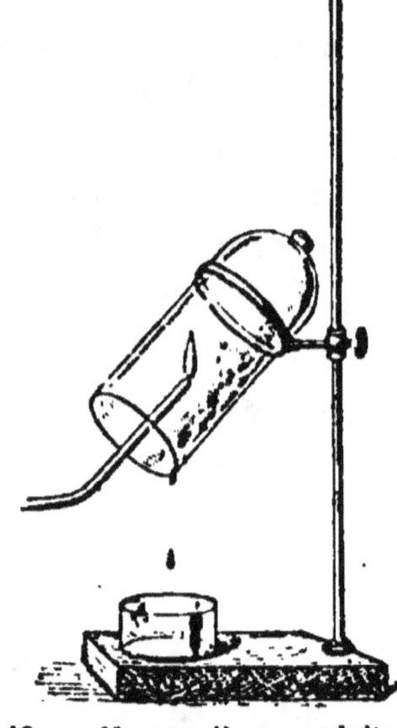

Fig. 13. — Vapeur d'eau produite par la combustion de l'hydrogène dans l'air.

La flamme de l'hydrogène, entourée d'un large tube ouvert aux deux bouts, fait entendre un son continu dont la hauteur dépend de la longueur du manchon. Cette expérience est désignée sous le nom d'*harmonica chimique* (fig. 14).

Un mélange de deux volumes d'hydrogène et d'un volume d'oxygène détone violemment en présence d'un corps enflammé, ou au contact de l'étincelle électrique : il se forme de la vapeur d'eau.

La grande chaleur de combustion de l'hydrogène est utilisée dans l'emploi du *chalumeau à gaz oxhydrique* (fig. 15). Le chalumeau représenté se compose de deux tubes

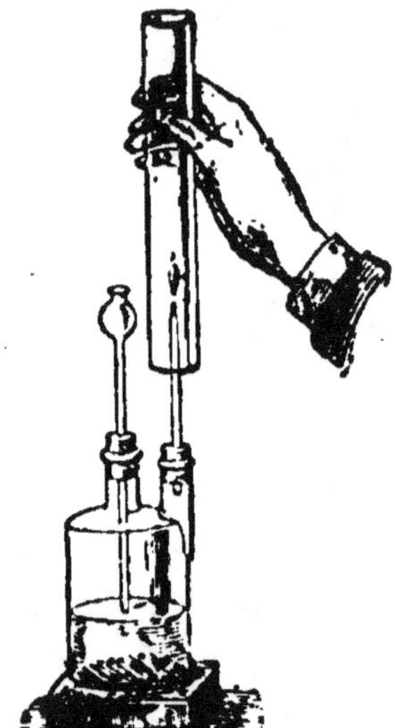

Fig. 14.
Harmonica chimique.

concentriques ; l'oxygène arrive par le tube central, et l'hydrogène par l'espace annulaire
compris entre les deux tubes ;
de sorte que les deux gaz ne se
mélangent qu'au sortir de l'appareil.

En dirigeant le dard de la
flamme du chalumeau sur un
cylindre de chaux vive ou de
magnésie, celui-ci devient incandescent et donne une lumière éblouissante (*lumière de
Drummond.*)

La *propriété caractéristique*
de l'hydrogène est son *affinité
pour l'oxygène.* Il décompose

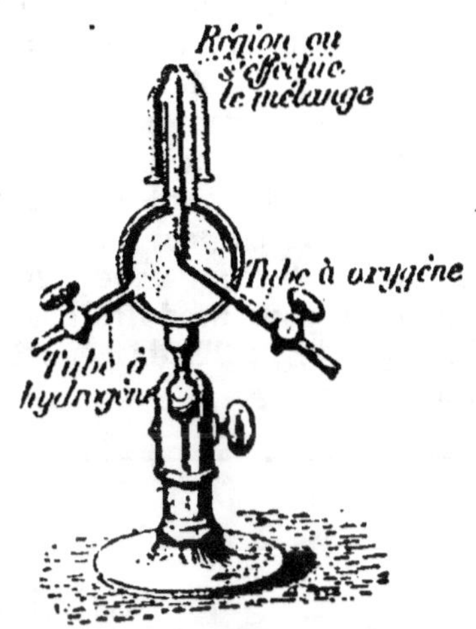

Fig. 15.
Chalumeau à gaz oxhydrique.

beaucoup d'oxydes métalliques en donnant de l'eau et en
mettant le métal en liberté. Ainsi, un courant d'hydrogène
passant sur de l'oxyde de cuivre noir CuO, chauffé dans un
tube, s'empare de l'oxygène pour former de la vapeur d'eau ;
il y a un dépôt de cuivre métallique.

L'hydrogène est donc un *agent réducteur ;* il est fréquemment employé, comme tel, dans les laboratoires.

25. **Usages.** — En raison de sa légèreté, l'hydrogène est
utilisé pour le gonflement des aérostats ; si, pendant longtemps, on lui a substitué le gaz d'éclairage, c'est à cause de
son pouvoir diffusif et par raison d'économie. Aujourd'hui,
on fabrique des taffetas suffisamment imperméables, et les
procédés industriels permettent d'obtenir ce gaz à un prix
raisonnable.

La température de la flamme de l'hydrogène, avivée par
l'oxygène, est utilisée dans le chalumeau et les appareils à
projection lumineuse.

RÉSUMÉ

L'hydrogène, découvert par Cavendish, se prépare, dans les
laboratoires, en décomposant l'eau, par le zinc, en présence de

l'acide sulfurique ou de l'acide chlorhydrique. Dans l'industrie, on l'obtient par l'électrolyse de l'eau salée.

L'hydrogène est un gaz incolore, inodore, insipide, de densité 0,0691, peu soluble dans l'eau. Il traverse les corps poreux. L'hydrogène se combine facilement avec l'oxygène, propriété utilisée pour réduire certains oxydes métalliques.

Le mélange de 2 vol. d'hydrogène avec un vol. d'oxygène détone violemment au contact d'une flamme ou de l'étincelle électrique.

On utilise la combustion de l'hydrogène par l'oxygène dans le chalumeau, pour produire des températures très élevées.

La légèreté de l'hydrogène le fait employer au gonflement des ballons.

CHAPITRE III

OXYGENE : $O^1 = 16$

26. Historique et état naturel. — L'*oxygène* fut isolé par Priestley[2] et étudié par Lavoisier.

C'est le plus répandu de tous les corps simples. Il constitue les 8/9 du poids de l'eau et les 23/100 de celui de l'air. Les tissus de tous les êtres organisés en contiennent.

27. Préparation. — 1° Par le chlorate de potassium. — Le chlorate de potassium ClO^3K, sel blanc, cristallisé,

---

[1] Ordinairement, après le nom d'un *corps simple*, nous écrivons un symbole constitué par une ou deux lettres. C'est une abréviation conventionnelle servant à désigner ce corps simple.

Parfois aussi, après le nom d'un corps composé, nous écrivons la formule qui sert à représenter ce composé.

Plus tard, dans un chapitre spécial, consacré à la nomenclature, nous étudierons les règles d'après lesquelles on doit écrire ces formules, qui facilitent beaucoup l'étude de la Chimie.

En attendant, on peut faire abstraction de ces formules, ou s'en servir comme d'une écriture abrégée, en se bornant à remarquer que *la formule d'un composé contient les symboles des corps composants.*

A la suite des *symboles* ou des *formules*, nous avons placé, en tête de chaque chapitre, certains nombres, que l'on appelle **poids atomiques** pour les corps simples, et **poids moléculaires**, pour les corps composés.

Les poids atomiques adoptés sont proportionnels au poids de l'atome d'hydrogène, $H = 1$.

[2] PRIESTLEY (1733-1804), chimiste et philosophe anglais, isola l'oxygène, découvrit l'azote et le mode de respiration des végétaux.

est chauffé dans une cornue avec un peu de bioxyde de manganèse MnO^2, substance noire qui facilite la décomposition (fig. 16). Le chlorate abandonne tout son oxygène,

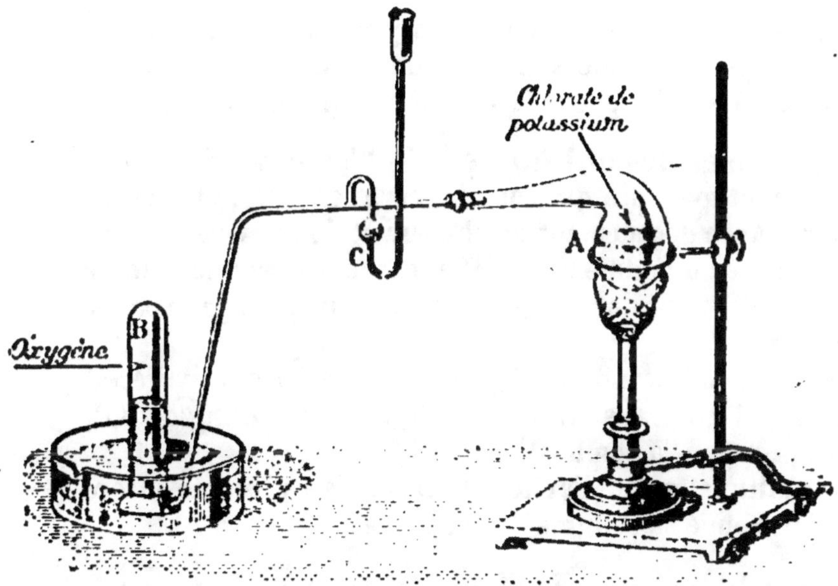

Fig. 16. — Préparation de l'oxygène par la décomposition du
chlorate de potassium.

qui est recueilli sur la cuve à eau ; il reste dans le ballon du chlorure de potassium KCl.

2° Par l'électrolyse de l'eau. — L'eau est rendue conductrice par de la soude caustique, ce qui permet d'employer comme électrodes de larges lames de tôle, isolées l'une de l'autre par de l'amiante. On obtient en même temps de l'hydrogène (22).

3° Par l'évaporation de l'air liquide. — Quand on laisse évaporer l'air liquide (34), l'azote plus volatil se dégage le premier, de sorte que le mélange s'enrichit en oxygène. On obtient ainsi de l'oxygène renfermant au plus 2 ou 3 % d'azote, et revenant à peu près à 2 centimes le mètre cube.

4° Par l'intermédiaire de la baryte. — La baryte BaO, chauffée à l'air sec, vers 400°, absorbe l'oxygène pour se transformer en bioxyde BaO^2; et ce bioxyde, par une diminution de pression, régénère le protoxyde BaO, en dégageant l'oxygène absorbé.

28. Propriétés physiques. — L'oxygène est un gaz incolore, inodore et insipide, peu soluble dans l'eau. Sa densité est 1,1056; le poids du litre est donc :

$$1^{gr},293 \times 1,1056 = 1^{gr},430.$$

On a pu le liquéfier à très haute pression et à très basse température; c'est alors un liquide incolore qui entre en ébullition à — 182°, sous la pression atmosphérique.

29. Propriétés chimiques. — L'oxygène se combine directement avec presque tous les corps simples, et, le plus souvent, avec dégagement de chaleur et de lumière.

Le *soufre* enflammé brûle dans l'oxygène avec une flamme bleue, en donnant de l'anhydride sulfureux, SO^2, gaz à odeur suffocante.

Le *carbone* incandescent y brûle aussi avec un vif éclat (fig. 17); il se transforme en anhydride carbonique CO^2, gaz impropre à la combustion.

Une allumette dont l'extrémité carbonisée présente encore un point rouge se rallume dans l'oxygène.

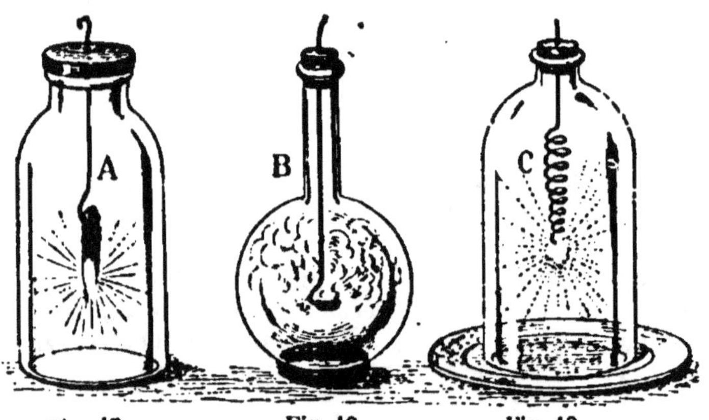

Fig. 17.   Fig. 18.   Fig. 19.
Combustion vive   Combustion vive   Combustion vive
du carbone   du phosphore   du fer
dans l'oxygène.   dans l'oxygène.   dans l'oxygène.

Le *phosphore* allumé y brûle avec une lumière éblouissante (fig. 18), en produisant de l'anhydride phosphorique P^2O^5, poussière blanche très avide d'eau.

Les métaux précieux seuls ne se combinent pas directement avec l'oxygène. Le *potassium* s'oxyde à froid ; les autres métaux, à des températures plus ou moins élevées.

Un ruban de *magnésium*, enflammé, brûle dans un flacon rempli d'oxygène, avec une flamme blanche, éblouissante, et laisse une cendre blanche qui est de la magnésie, MgO.

Un fil de *fer* dont on fait rougir l'extrémité, placé dans les mêmes conditions, brûle en lançant de tous côtés de vives étincelles (fig. 19); il se produit de l'oxyde magnétique, Fe^3O^4, qui tombe en gouttelettes incandescentes au fond du flacon.

30. Combustion. — On donne le nom de **combustion** à la combinaison directe d'un corps avec l'oxygène. Si cette combinaison est accompagnée de lumière, on a une *combustion vive*. Telle la combustion du soufre, du phosphore et du fer dans l'oxygène.

Si la combinaison d'un corps avec l'oxygène s'effectue sans dégagement sensible de chaleur ni de lumière, on dit qu'il y a *combustion lente*. C'est le cas du fer lorsque ce métal se transforme lentement en rouille.

La respiration est une combustion lente qui produit la *chaleur animale*.

Les phénomènes lumineux et calorifiques qui ne résultent pas de combinaisons ne sont pas des combustions ; telles sont l'étincelle électrique et la chaleur produite par le frottement.

31. Usages. — L'oxygène pur mélangé à l'*hydrogène*, au *gaz d'éclairage* ou à l'*acétylène*, est utilisé dans le chalumeau pour obtenir des températures très élevées, capables de fondre le platine, de porter au blanc éblouissant la chaux et les oxydes rares. La médecine l'emploie pour le traitement des maladies de poitrine.

L'oxygène atmosphérique joue le rôle prépondérant dans la préparation des oxydes. Il est l'agent essentiel de la *respiration* et de la *combustion*.

RÉSUMÉ

L'oxygène, isolé par Priestley, fut étudié par Lavoisier. On retire ce gaz du chlorate de potassium par l'action de la chaleur, de l'eau par électrolyse, de l'air liquide par évaporation, et aussi de l'air atmosphérique par l'intermédiaire de la baryte anhydre.

C'est un gaz incolore, inodore, insipide, peu soluble dans l'eau, de densité égale à 1,1056.

L'oxygène se combine à presque tous les corps : le soufre, le charbon, le phosphore, le magnésium, le fer, brûlent dans l'oxygène avec éclat. Un corps combustible présentant un point en ignition se rallume spontanément dans l'oxygène.

Lorsque l'oxygène se combine à un corps, on a une combustion : celle-ci est *vive* ou *lente*, suivant qu'elle est accompagnée, ou non, de lumière.

L'oxygène est l'élément essentiel de la combustion et de la respiration.

CHAPITRE IV

AIR ATMOSPHÉRIQUE

32. Historique. — Lavoisier[1], en 1775, fit connaître la nature de l'air, qui jusque-là avait été considéré comme l'un des quatre éléments.

On donne le nom d'*atmosphère* à la couche d'air qui enveloppe le globe terrestre.

33. Composition de l'air. — **Expérience de Lavoisier.** — La première analyse de l'air fut faite par Lavoisier. Il chauffa, pendant douze jours, un ballon à moitié rempli de mercure, et dont le col recourbé s'engageait sous une cloche reposant sur la cuve à mercure et renfermant de l'air

---

[1] LAVOISIER (1743-1794), né à Paris, a été le créateur de la Chimie moderne Il mourut sur l'échafaud révolutionnaire.

(fig. 20). Il vit le volume d'air diminuer peu à peu dans la cloche, et des pellicules rouges se former à la surface du mercure dans le ballon. Le gaz de la cloche, réduit à peu

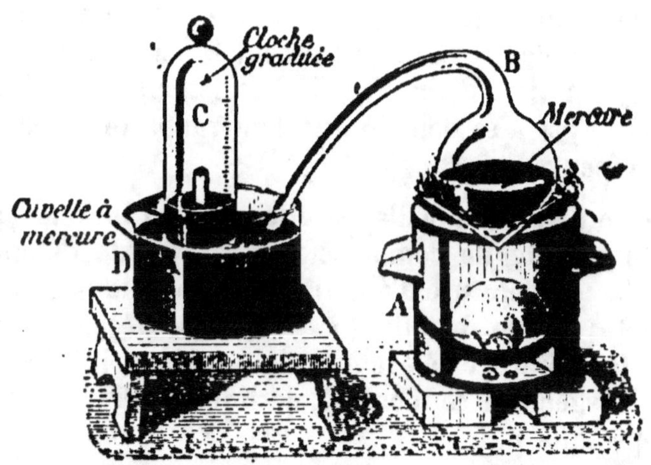

Fig. 20. — Analyse de l'air par Lavoisier.

près aux 5/6 de son volume primitif, n'entretenait plus la combustion, ni la respiration ; à cause de cette propriété, le résidu reçut le nom d'*azote*.

Ayant recueilli les pellicules rouges, Lavoisier les chauffa dans un ballon ; il constata qu'elles se décomposaient en donnant du mercure et en dégageant un gaz doué des propriétés de l'*oxygène*.

Le volume de cet oxygène était d'ailleurs à peu près identique à la diminution qu'avait éprouvée le volume d'air dans la cloche.

D'après cette expérience, Lavoisier conclut que l'air était un mélange d'oxygène et d'azote, dans la proportion de 1 volume d'oxygène pour 5 volumes d'azote.

Remarque. — Outre l'oxygène et l'azote, l'air renferme de petites quantités d'acide carbonique, d'ozone et de vapeur d'eau.

En 1894, deux chimistes anglais, lord Raleigh et le professeur Ramsay, ont découvert dans l'air d'autres gaz : l'*argon*, le *néon*, le *xénon* et le *crypton*.

Dans 100^{gr} d'air on a trouvé 1^{gr},3 d'argon, ce qui correspond, en volume, à 0¹,94 d'argon pour 100¹ d'air. En dehors de l'oxygène, de l'azote et de l'argon, tous les autres gaz, dont la présence a été constatée dans l'air, ne s'y trouvent qu'en quantité négligeable.

34. Propriétés physiques. — L'air est un *mélange gazeux*, sans odeur ni saveur, incolore sous une faible épaisseur, mais bleu sous une épaisseur considérable. L'air est *pesant*; un litre d'air pèse 773 fois moins que l'eau, soit 1ᵍʳ,293; c'est à sa densité que l'on rapporte celles des gaz et des vapeurs.

On liquéfie l'air à l'aide d'appareils utilisant le froid produit par une suite de compressions, suivies de détentes brusques. La température d'ébullition de l'air liquide n'est pas constante; l'azote, bouillant à — 195°, se dégage le premier, et la température s'élève jusqu'à — 182°, point d'ébullition de l'oxygène. A ce moment, le liquide restant est de l'oxygène presque pur.

35. Analyse de l'air en volume. — 1° **Par le phosphore à froid.** — On introduit un bâton de phosphore humide sous une éprouvette graduée, renfermant 100 volumes d'air, et reposant sur la cuve à eau (fig. 21). Peu à peu le phosphore se combine avec l'oxygène de l'air pour former de l'acide phosphoreux que l'eau dissout.

L'opération est terminée quand le phosphore n'est plus lumineux dans l'obscurité; il reste alors un mélange formé d'azote, d'argon, de néon, etc...; ce mélange, dont le volume est de 79 volumes environ, constitue l'*azote atmosphérique*.

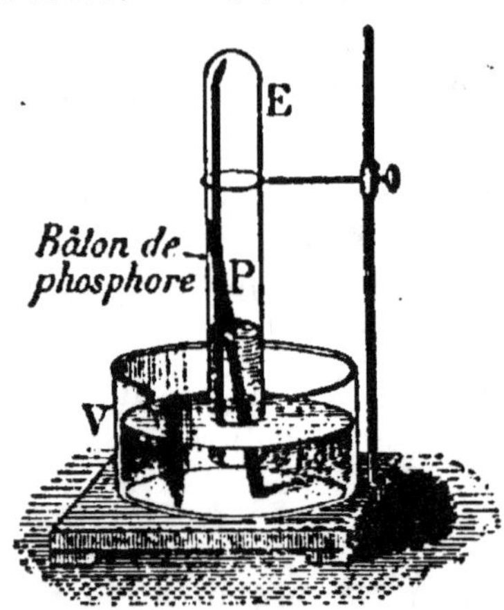

Fig. 21. — Analyse de l'air par le phosphore à froid.

2° **Par le phosphore à chaud.** — Un morceau de phosphore est placé à la partie supérieure d'une cloche courbe,

reposant sur l'eau. Le phosphore, chauffé (fig. 22), s'enflamme et brûle aux dépens de l'oxygène de l'air pour
donner de l'anhydride
phosphorique P^2O^5.

Une flamme ver-
dâtre descend jusqu'au
niveau de l'eau, où
elle s'éteint. On cons-
tate, après refroidisse-
ment, que 1/5 environ
du volume de l'air
a disparu.

**Analyse de l'air en
poids par le procédé
Dumas et Boussingault.**

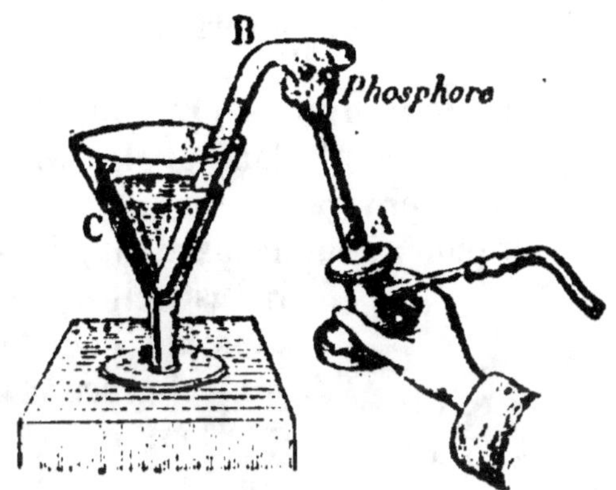

Fig. 22.
Analyse de l'air par le phosphore à chaud.

— Ce procédé consiste à faire passer un poids déterminé d'air
sec sur de la tournure de cuivre, chauffée au rouge dans un tube
en porcelaine, et à recueillir l'azote qui se dégage.

Le tube contenant la tournure de cuivre, pesé avant et après
l'expérience, accuse une augmentation de poids qui est le poids de
l'oxygène fixé sur le cuivre pour former de l'oxyde de cuivre CuO;
l'azote est pesé directement. On trouve ainsi que 100 grammes
d'air renferment 23 gr. d'oxygène et 77 d'azote.

**36. Autres corps contenus dans l'air atmosphé-
rique.** — 1° Vapeur d'eau. — La vapeur d'eau de l'air se
condense en buées ou en fines gouttelettes sur les corps plus
froids que le milieu ambiant ; elle est incolore et invisible,
mais par sa condensation elle devient visible (brouillard,
jet de vapeur dans une atmosphère froide).

2° Anhydride carbonique. — L'anhydride carbonique CO^2
est un gaz incolore, provenant surtout des combustions et
de la respiration. Sa présence dans l'atmosphère se constate
au moyen de l'eau de chaux. Ce liquide, exposé à l'air, se
recouvre bientôt d'une pellicule blanche de carbonate de
calcium, formée par la combinaison de la chaux avec l'anhydride carbonique.

3° Substances solides. — L'air, surtout celui des régions
inférieures, contient des débris de poussières et de cristaux,

et véhicule les germes de nombreux microorganismes, en particulier de plusieurs ferments et de microbes pathogènes, c'est-à-dire engendrant certaines maladies.

37. Applications. — L'air est le principe essentiel de la respiration des végétaux et des animaux. Sa suppression détermine l'asphyxie.

On l'emploie, comme oxydant, dans diverses opérations industrielles, en métallurgie, par exemple, pour le grillage des sulfures.

Fig. 23. — Action de l'oxygène dans la combustion.

C'est grâce à l'oxygène qu'il contient que l'air entretient les combustions. Une bougie allumée, placée sous une cloche (fig. 23), ne tarde pas à s'éteindre quand, par suite de la combustion, l'air de la cloche s'appauvrit en oxygène.

L'air comprimé acquiert une grande force élastique que l'on utilise dans un certain nombre d'appareils : freins de wagons, appareils à souffler le verre, moteurs pour tramways, pompe à incendie, etc.

38. Air confiné. — On donne le nom d'*air confiné* à l'atmosphère d'une salle fermée. Lorsque des réunions se prolongent dans un appartement clos, il arrive fréquemment que certaines personnes sont prises d'un malaise particulier, qui cesse très vite dès qu'elles sortent pour respirer l'air extérieur ; la composition de l'atmosphère de la salle n'est donc plus la même que celle du dehors : l'air en est *vicié*.

Chacune des personnes présentes absorbe, en effet, de l'oxygène et exhale du gaz carbonique, de sorte que l'air de la salle s'enrichit constamment en gaz carbonique, tandis qu'il s'appauvrit en oxygène ; de plus, l'air expiré contient des poisons.

Il est donc nécessaire d'aérer souvent toute salle où se réunissent un grand nombre de personnes.

RÉSUMÉ

La première analyse de l'*air* fut faite par Lavoisier, qui reconnut que ce gaz est un mélange d'oxygène et d'azote.

Le phosphore à froid ou à chaud, le cuivre chauffé au rouge, absorbent l'oxygène de l'air, et laissent un résidu d'azote mêlé d'un peu d'*argon*, de *néon*, de *crypton*, etc. On trouve encore dans l'air atmosphérique de la vapeur d'eau et de l'anhydride carbonique.

L'air est un gaz incolore sous une faible épaisseur, inodore, insipide, liquéfiable industriellement. Ce gaz est un principe essentiel à la vie des plantes et des animaux, et à l'entretien des combustions.

L'atmosphère d'un appartement clos s'appelle *air confiné*. Lorsque des personnes séjournent longtemps dans une salle, l'atmosphère s'appauvrit en oxygène et se charge de gaz carbonique ainsi que d'exhalaisons toxiques ; l'air est *vicié*.

CHAPITRE V

AZOTE : Az $= 14$

39. Historique et état naturel. — L'*azote*, confondu d'abord avec l'anhydride carbonique par suite de l'analogie de quelques propriétés, en fut distingué, par Rutherford[1], en 1772. Lavoisier, le premier, le découvrit dans l'air, dont il forme à peu près les 4/5 en volume.

Les végétaux, et surtout les animaux, en renferment dans leurs tissus à l'état de combinaison avec l'hydrogène, le carbone et l'oxygène.

40. Préparations. — **A. Préparation de l'azote atmosphérique.** — On retire l'azote de l'air : 1° Par le phosphore. — Il suffit d'enflammer un morceau de phosphore sec, placé dans une coupelle posée sur une rondelle de liège qui flotte à la surface de l'eau, et de recouvrir le tout d'une cloche que

---

[1] RUTHERFORD, chimiste anglais (1759-1819).

l'on maintient avec la main (fig. 24). Le phosphore, en brûlant, s'empare de l'oxygène de l'air, forme des fumées blanches d'anhydride phosphorique P^2O^5, qui peu à peu se dissolvent dans l'eau ; il reste sous la cloche l'azote atmosphérique, qui est un mélange d'azote pur avec différents gaz : argon, néon, crypton, xénon et anhydride carbonique.

Fig. 24. — Préparation de l'azote par le phosphore.

2° Par le cuivre chauffé au rouge. — On fait passer lentement de l'air sur du cuivre chauffé au rouge dans un tube de porcelaine (fig. 25). L'air, chassé du flacon B par l'eau qui tombe du récipient A, abandonne son gaz carbonique à la potasse contenue dans le tube C; son oxygène se fixe sur le cuivre du tube D pour former de l'oxyde de cuivre. Le résidu gazeux est recueilli dans l'éprouvette E.

B. Préparation de l'azote chimique. — **1° Par l'azotite d'ammonium.** — Une dissolution concentrée de ce sel, chauffée dans une cornue en verre munie d'un

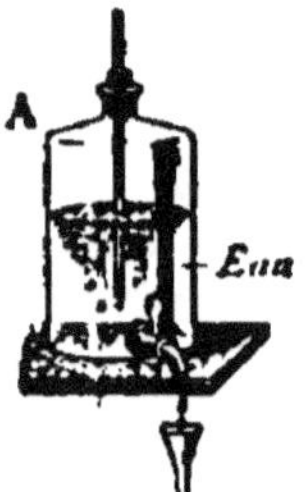

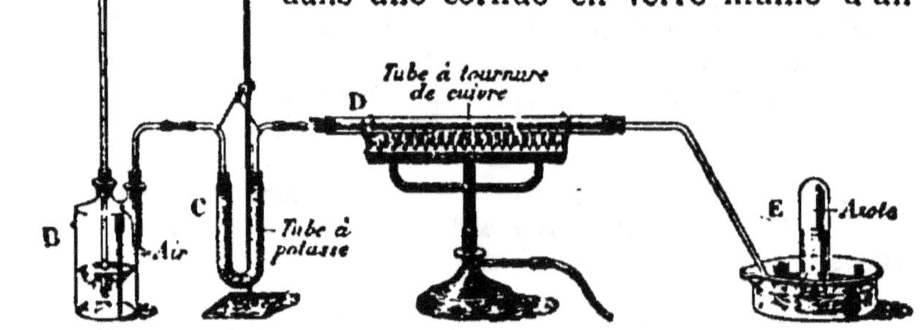

Fig. 25. — Préparation de l'azote par le cuivre.

A, flacon primitivement rempli d'eau ; — B, flacon primitivement rempli d'air — C, tube en U pour dessécher l'air; — D, tube de porcelaine rempli de cuivre et placé sur un brûleur à rampe; — E, éprouvette pour recueillir l'azote.

tube abducteur, se décompose en eau et en azote pur.

2⁰ Par l'air liquide. — Dans l'industrie, on obtient aujourd'hui l'azote, à 0,998 de pureté, par distillation fractionnée de l'air liquide.

41. Propriétés. — L'azote est un gaz incolore, inodore, peu soluble dans l'eau ; sa densité est 0,972 ; un litre pèse :

$$1^{gr},293 \times 0,972 = 1^{gr},256.$$

L'azote est impropre à l'entretien de la vie ; il n'est ni *comburant* [1], ni *combustible* (fig. 26) ; ses affinités chimiques sont faibles, c'est-à-dire qu'il se combine difficilement avec d'autres corps.

Des étincelles électriques produisent, dans un mélange d'azote et d'hydrogène, de petites quantités de gaz ammoniac, AzH^3.

Le *magnésium*, chauffé au rouge, absorbe l'azote pur. Cette dernière propriété est utilisée pour isoler les gaz rares que contient l'azote atmosphérique.

Au four électrique, l'azote s'unit au carbure de calcium et donne un produit, appelé *cyanamide calcique*, utilisé comme engrais.

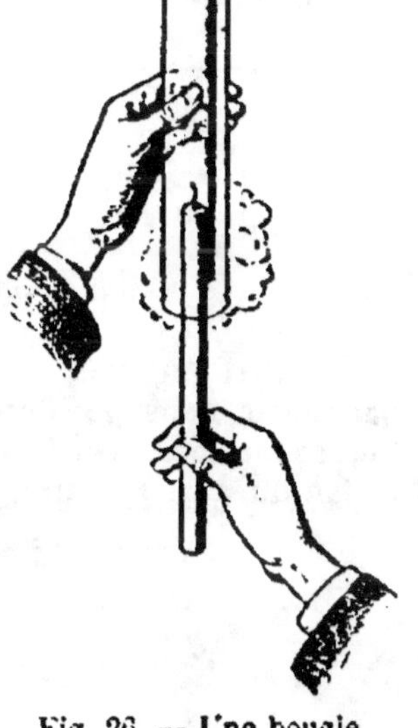
Fig. 26. — Une bougie allumée s'éteint dans l'azote.

42. Usages. — En dehors de la fabrication du produit azoté dont il vient d'être question, l'azote n'a presque aucune application pratique. Cependant ce corps est un des éléments indispensables à la vie des plantes et des animaux ; de plus, sa présence dans l'air sert à tempérer l'action trop vive que l'oxygène pur exercerait sur l'organisme.

---

[1] Un corps *comburant* est un corps capable d'entretenir les combustions.

2 — Chimie 281 A.

RÉSUMÉ

L'azote, découvert par Lavoisier, se retire de l'air par le phosphore ou par le cuivre chauffé au rouge.

L'azote pur provient de la décomposition par la chaleur de l'azotite d'ammonium, ou de la distillation fractionnée de l'air liquide.

L'azote est un gaz incolore, inodore, peu soluble dans l' au. Sa densité égale 0,97. Ce gaz n'est ni comburant, ni combustible.

L'azote n'est pas absolument inerte ; ainsi il s'unit à l'hydrogène sous l'influence de l'étincelle électrique ; il est absorbé par le magnésium porté au rouge. Cette dernière propriété est utilisée pour isoler les gaz rares que contient l'air.

L'azote est un des éléments des matières dites albuminoïdes ; il entre dans un engrais appelé *cyanamide*.

CHAPITRE VI

GAZ AMMONIAC : $AzH^3 = 17$

43. État naturel. — Le *gaz ammoniac* ou *alcali volatil* prend naissance dans la décomposition de toutes les matières organiques azotées. On le trouve en particulier dans les eaux d'épuration du gaz d'éclairage, dans les eaux vannes de vidange, etc.

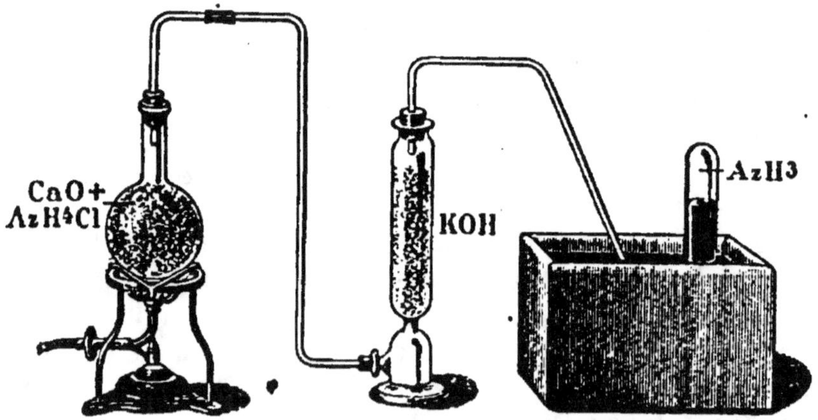

Fig. 27. — Préparation du gaz ammoniac.

On le rencontre en petite quantité dans l'air après les pluies d'orage, ou dans le sol, uni à quelques acides.

44. Préparation. — 1° Dans les *laboratoires*, on prépare le gaz ammoniac en chauffant légèrement dans un ballon (fig. 27) un mélange de chlorure d'ammonium AzH^4Cl et de chaux vive CaO ; il se forme de l'eau et du chlorure de

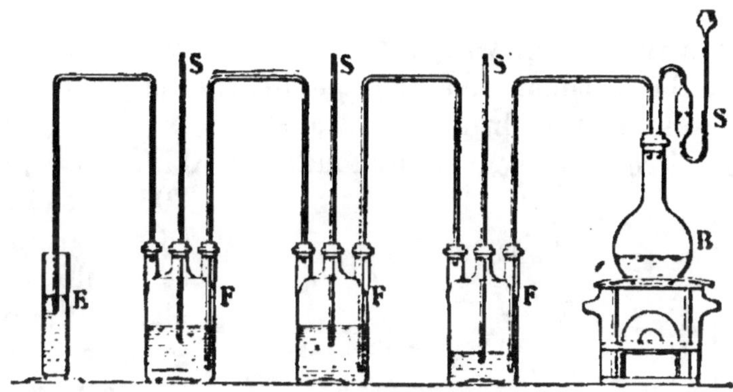

Fig. 28. — Préparation de la dissolution ammoniacale.

calcium, $CaCl^2$, qui reste dans le ballon ; le gaz, desséché par la potasse, est recueilli sur le mercure, à cause de sa grande solubilité dans l'eau, et mieux par déplacement.

Pour obtenir la dissolution ammoniacale, appelée *ammoniaque*, on fait barboter le gaz dans une série de flacons renfermant de l'eau froide (appareil de Wolf, fig. 28).

Cette dissolution abandonne facilement son gaz sous l'influence de la chaleur ; c'est pourquoi, dans les *laboratoires*, on obtient rapidement du gaz

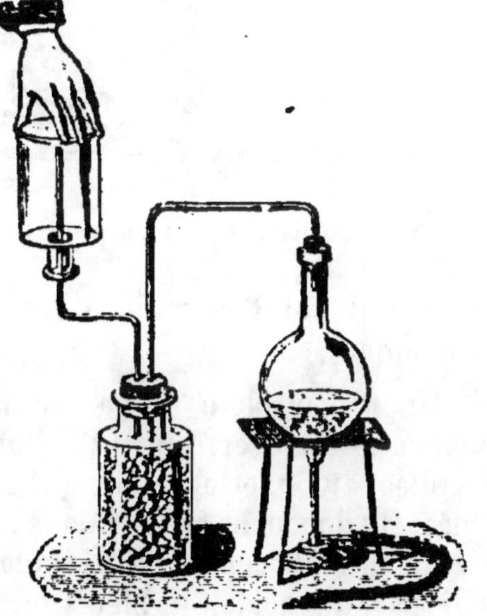

Fig. 29. — Gaz ammoniac se dégageant de sa dissolution.

ammoniac en chauffant, dans un ballon, l'ammoniaque du commerce (fig. 29).

2° **Dans l'industrie,** on prépare la dissolution ammoniacale en distillant, en présence de la chaux, les *eaux
vannes de vidange* ou les *eaux d'épuration du gaz d'éclairage.*

45. **Propriétés physiques.** — Le gaz ammoniac est
incolore, d'une odeur vive et piquante, qui provoque les
larmes ; sa saveur est brûlante et caustique, sa densité est
0,59. Un litre d'eau peut en dissoudre 1300 litres à 0°, et
800 litres à 15°.

Cette grande solubilité peut être rendue sensible par les expériences suivantes :

1° On place dans l'eau du vase C (fig. 30) l'éprouvette A, pleine de gaz ammoniac et maintenue fermée à l'aide du mercure de la

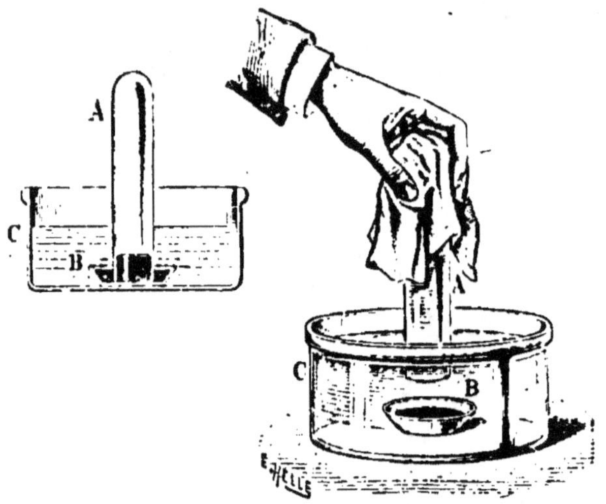

Fig. 30. — Solubilité du gaz ammoniac dans l'eau.

soucoupe B ; si l'on soulève l'éprouvette, l'eau y pénètre
brusquement.

2° Un flacon plein de gaz ammoniac est fermé par un
bouchon que traverse un tube dont l'extrémité intérieure
est effilée et ouverte, tandis que l'extrémité extérieure est
fermée. On débouche celle-ci dans l'eau, qui se précipite avec
force dans le flacon. Si le liquide renferme du tournesol
rougi par un acide, il bleuit en jaillissant dans le flacon
(fig. 31).

Le gaz ammoniac peut être facilement liquéfié soit par
une forte pression, soit par le froid, ou encore par ces deux
influences réunies.

Pour réaliser la liquéfaction, on introduit du charbon de bois, saturé de gaz ammoniac, dans un tube recourbé qu'on ferme ensuite à la lampe ; si la branche qui contient le corps saturé de gaz plonge dans l'eau chaude, et l'autre branche dans la glace, on voit le gaz ammoniac se liquéfier peu à peu dans la partie froide du tube.

La propriété qu'a le gaz ammoniac de se liquéfier facilement et d'absorber des quantités considérables de chaleur en se volatilisant est utilisée pour la fabrication de la glace.

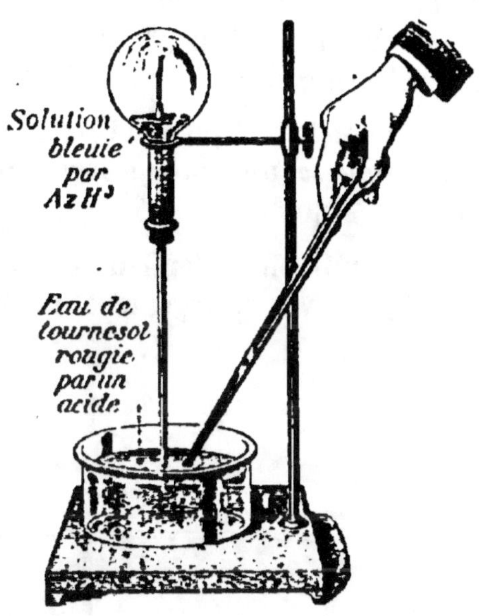

Fig. 31. — Expérience du jet d'eau.

Les appareils frigorifiques, employés pour les usages industriels et domestiques, reposent sur cette propriété (fig. 32).

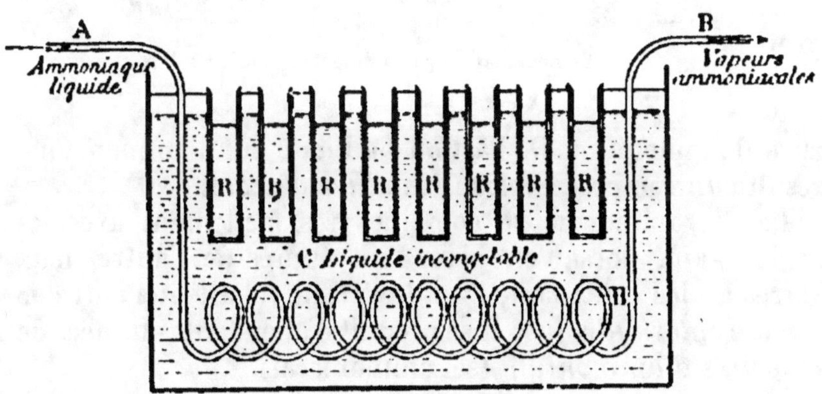

Fig. 32. — Appareil pour la fabrication de la glace artificielle.
A, arrivée de l'ammoniaque liquide ; B, tube d'aspiration où s'évapore le gaz ammoniac ; C, liquide incongelable ; R, récipients mobiles renfermant l'eau à congeler.

46. Propriétés chimiques. — Le gaz ammoniac ne brûle pas dans l'air, mais on peut enflammer un jet de ce gaz au moment où il pénètre dans un flacon plein d'*oxygène*; il brûle alors avec une flamme jaunâtre.

Un mélange d'oxygène et de gaz ammoniac, passant sur de la *mousse de platine* légèrement chauffée, donne de l'acide azotique.

Le gaz ammoniac s'enflamme spontanément dans le *chlore* (fig. 33) : il y a dégagement d'azote et formation de chlo.

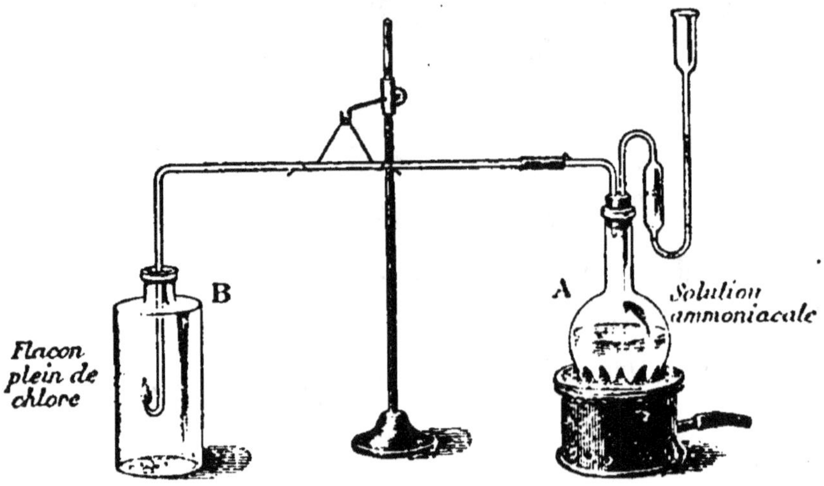

Fig. 33. — Combustion du gaz ammoniac dans le chlore.

rure d'ammonium. De l'action de l'*iode* sur l'ammoniaque résulte un composé explosif, l'*iodure d'azote*.

Le gaz ammoniac se combine très facilement avec les acides ; ainsi lorsqu'on place l'un auprès de l'autre deux verres à pied contenant, l'un de l'alcali volatil et l'autre de *l'acide chlorhydrique*, il se produit d'abondantes fumées de *chlorure d'ammonium* (sel ammoniacal).

Dissolution ammoniacale. — La dissolution aqueuse de ce gaz possède des propriétés basiques : elle verdit le sirop de violettes, et ramène au bleu la teinture de tournesol rougie par un acide ; elle peut être neutralisée par l'addition d'un acide ; il se forme alors des *sels ammoniacaux* [1].

47. Usages. — L'industrie consomme de grandes quantités d'ammoniaque pour la fabrication de la glace (*appareil Carré*), pour la préparation des sels ammoniacaux et de la soude dite à l'ammoniaque (*procédé Solvay*).

On emploie l'ammoniaque pour dégraisser les étoffes, dissoudre les matières colorantes, aviver les couleurs et cautériser les piqûres d'insectes. La dissolution ammoniacale est un réactif très employé dans les laboratoires.

RÉSUMÉ

Le *gaz ammoniac* se produit dans la décomposition de toutes les matières organiques. Il s'obtient en chauffant dans un ballon un mélange de chaux CaO et de chlorure d'ammonium AzH^4Cl. Pour avoir la dissolution, il suffit de faire arriver le gaz dans l'eau froide.

L'industrie prépare cette dissolution en distillant, en présence de la chaux, les eaux vannes de vidange et les eaux d'épuration du gaz d'éclairage.

Le gaz ammoniac est incolore et d'une odeur piquante ; sa densité égale 0,59 ; il est très soluble dans l'eau. Il est absorbé par le charbon et se liquéfie sous la double influence du froid et d'une forte pression. Il n'est pas combustible à l'air ; mais on peut enflammer un jet de gaz ammoniac dans un flacon de chlore. L'ammoniaque s'enflamme spontanément dans le chlore, et peut former avec l'iode un composé explosif.

Si l'on met en présence deux flacons débouchés, contenant l'un de l'ammoniaque et l'autre de l'acide chlorhydrique, il se produit d'abondantes fumées blanches de chlorure d'ammonium AzH^4Cl.

La dissolution ammoniacale verdit le sirop de violettes, et ramène au bleu la teinture de tournesol rougie par un acide.

L'ammoniaque sert à fabriquer la glace artificielle, à dégraisser les étoffes, à cautériser les piqûres d'insectes, à préparer la soude du commerce et les sels ammoniacaux.

---

[1] Les sels ammoniacaux ont des formules analogues à celles des sels de potassium. L'atome K de ceux-ci est remplacé par le radical AzH^4, que l'on nomme *ammonium*. Ce composé n'a pu, jusqu'à présent, être isolé, mais on connaît son amalgame.

CHAPITRE VII

ÉLECTROLYSE DU CHLORURE DE SODIUM — CHLORE SODIUM

§ I. -- Électrolyse du chlorure de sodium.

48. Définition. — L'*électrolyse* du chlorure de sodium est sa décomposition par le courant électrique.

49. Procédés employés. — Les méthodes sont différentes suivant que l'on part du *chlorure fondu* ou du *chlorure dissous* :

1º Si l'on fait passer le courant dans le *sel fondu*, le *sodium* Na se porte sur la catode, et le *chlore* Cl se dégage autour de l'anode. On peut ainsi recueillir séparément ces deux éléments.

2º Si le courant traverse une *dissolution* aqueuse de sel marin, les éléments *sodium* et *chlore* se séparent comme dans le cas du chlorure fondu ; mais alors des réactions secondaires interviennent qui peuvent donner, suivant le dispositif, la température et la composition de l'électrolyse :

a) de la soude et du chlore ;
b) de l'hypochlorite de sodium ;
c) du chlorate de sodium.

Pour obtenir de la *soude* et du *chlore*, il faut empêcher le chlore, dégagé à l'anode, de réagir sur la soude que le sodium libéré à la catode forme avec l'eau. On y parvient par divers procédés (fig. 34 et 35), tels que l'emploi d'une catode

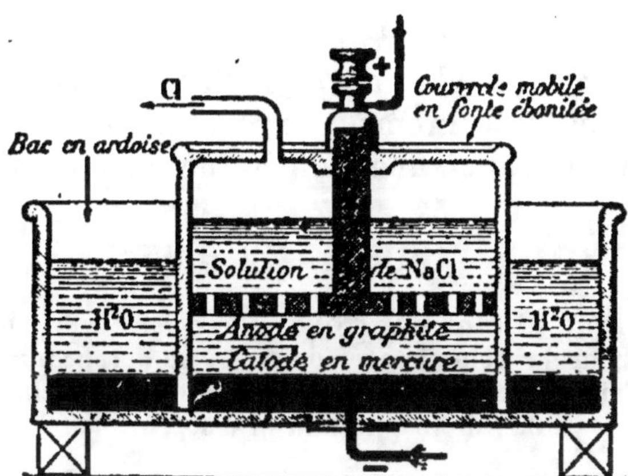

Fig. 34. — Préparation électrolytique de la soude
par l'emploi de la catode en mercure.

en mercure ou d'une cloison poreuse appelée diaphragme.

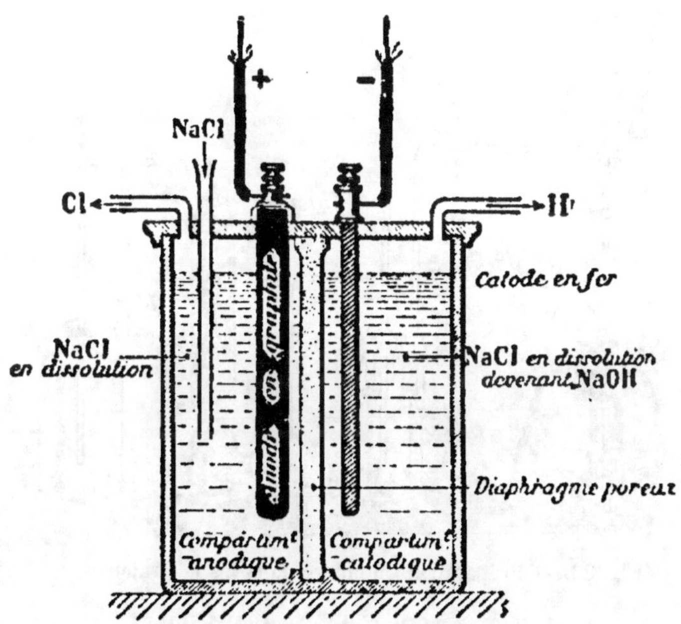

Fig. 35. — Préparation électrolytique de la soude
par l'emploi d'un diaphragme.

Si l'on veut produire de l'*hypochlorite de sodium* ClONa,

on laisse réagir le chlore de l'anode sur la soude formée à la catode, et l'on opère à une température inférieure à 25°.

Enfin, pour avoir du *chlorate de sodium* ClO^3Na, on ajoute du carbonate et du bichromate de sodium à l'électrolyse, et l'on maintient le bain à une température de 50° environ.

§ II. — Chlore : $Cl = 35,5$.

50. Historique et état naturel. — Le *chlore* a été découvert, en 1774, par Scheele[1], chimiste suédois. On ne le rencontre dans la nature qu'à l'état de combinaisons, surtout dans les chlorures de sodium, de potassium, de magnésium et d'argent.

51. Préparation. — Par l'acide chlorhydrique et le bioxyde de manganèse (*procédé de Scheele*). — On chauffe légèrement le mélange d'acide chlorhydrique et de bioxyde de manganèse dans un ballon (fig. 36). L'hydrogène de

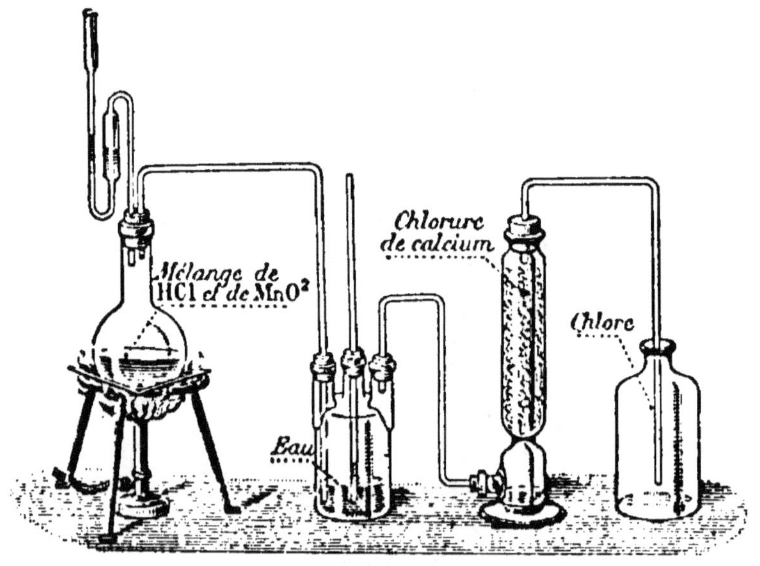

Fig. 36. — Préparation du chlore dans les laboratoires.

l'acide chlorhydrique, HCl, s'unit à l'oxygène du bioxyde de manganèse MnO^2, pour former de l'eau ; une partie du

---

[1] SCHEELE (1742-1786) découvrit, avec le chlore, les acides fluorhydrique et cyanhydrique.

chlore libéré se combine au manganèse, en donnant du chlorure $MnCl^2$; l'autre partie se dégage.

On ne peut recueillir le chlore ni sur le mercure, qui est
attaqué à froid par ce gaz, ni sur la cuve à eau, en raison
de sa solubilité. On le fait arriver directement au fond d'un
flacon, dans lequel, par *déplacement,* il chasse l'air moins
lourd que lui.

Le chlore pur, destiné aux chlorurations organiques,
s'obtient industriellement par l'électrolyse du chlorure de
sodium (49).

Dans l'*industrie,* on prépare aujourd'hui le chlore, servant à la fabrication du chlorure de chaux, par le *procédé
Deacon,* qui consiste à décomposer l'acide chlorhydrique par
l'oxygène de l'air en présence d'un catalyseur.

Pour cela, on fait passer l'air et l'acide chlorhydrique
bien desséché sur des briques poreuses chauffées, contenant
1 $°/_0$ de chlorure cuivrique $CuCl^2$. Ce sel jouant le rôle de
catalyseur[1], l'oxygène de l'air s'unit à l'hydrogène de
l'acide pour former de l'eau, et le chlore est mis en liberté.

La *dissolution* de chlore s'obtient en faisant passer le
chlore gazeux dans une série de flacons communiquant
entre eux et renfermant de l'eau froide (fig. 37). Le liquide
obtenu dissout les feuilles d'or ; il doit être conservé dans
des flacons jaunes ou bleus, car, sous l'influence de la
lumière, le chlore décompose l'eau.

52. Propriétés physiques. — Le *chlore* est un gaz
jaune verdâtre, d'une odeur suffocante ; l'eau en dissout
une fois et demie son volume à 0°, et trois fois à 8°. Sa densité est 2,48.

53. Propriétés chimiques. — **Action de l'hydrogène.**
— La propriété *caractéristique* du chlore est son *affinité
pour l'hydrogène.* Un mélange de chlore et d'hydrogène,
à volumes égaux, détone avec violence à la lumière *solaire*
ou à l'approche d'une *flamme :* il se forme de l'acide chlo-

---

[1] La *catalyse* est la propriété que possède certains corps de provoquer une
réaction, sans subir eux-mêmes d'altération chimique appréciable.

rhydrique. A la lumière *diffuse*, la combinaison se fait lentement.

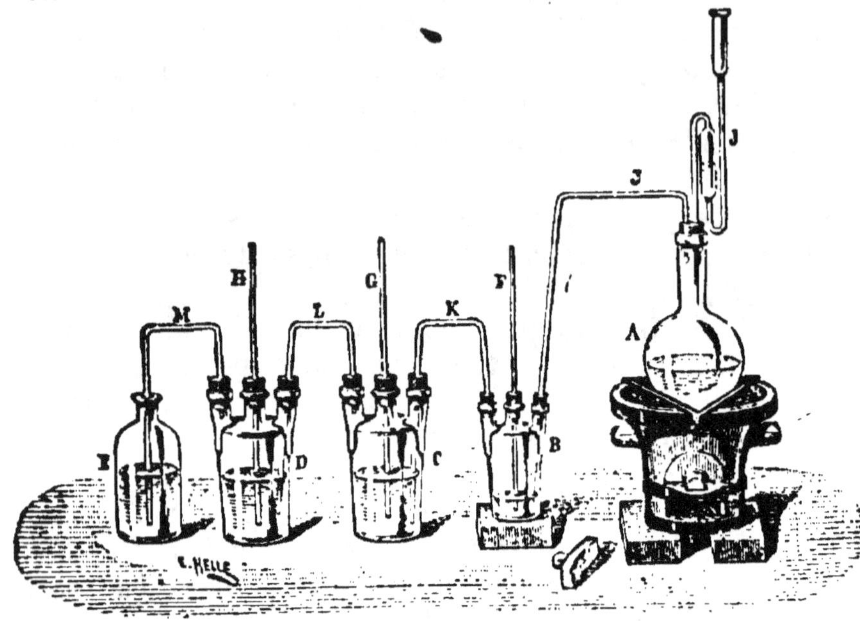

Fig. 37. — Préparation de l'eau de chlore.

Action des autres corps simples. — La plupart des *métalloïdes* se combinent avec le chlore ; quelques-uns, comme le *phosphore*, l'antimoine (fig. 38) et l'arsenic, y brûlent avec éclat.

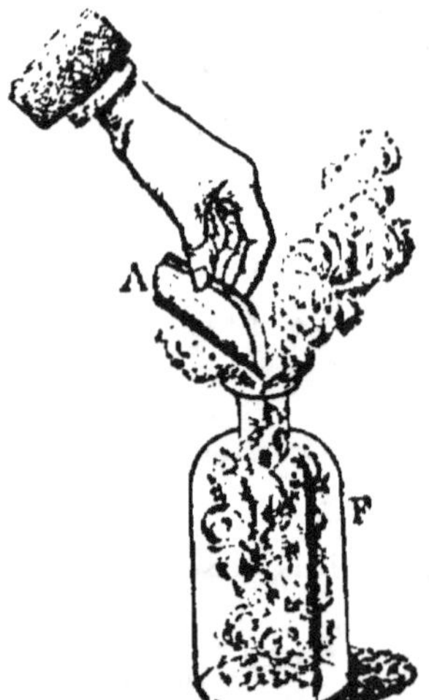

Fig. 38.
Combustion de l'antimoine
pulvérisé dans le chlore.

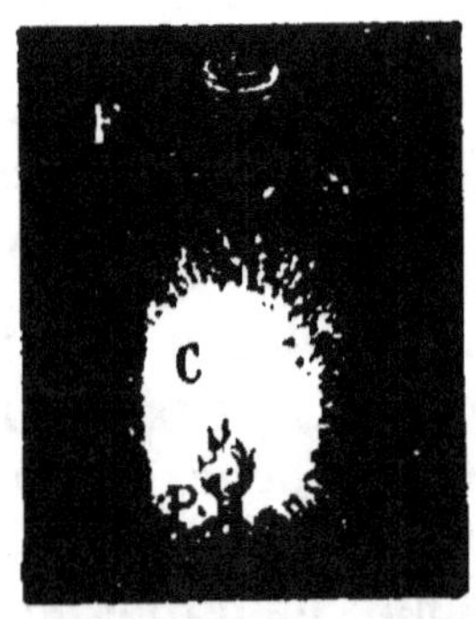

Fig. 39.
Combustion du potassium
dans le chlore.

Les *métaux* s'unissent au chlore en donnant des chlorures métalliques. Ainsi le *potassium* s'enflamme spontanément dans un flacon rempli de chlore (fig. 39), et une feuille d'*or* se dissout rapidement dans l'eau de chlore.

Action sur les composés hydrogénés. — En raison de son affinité pour l'*hydrogène*, le chlore décompose facilement les composés hydrogénés, tels que l'eau et l'acide sulfhydrique.

L'eau de chlore exposée à la *lumière solaire* est décomposée : il se forme de l'acide chlorhydrique, et l'oxygène est mis en liberté. Cette propriété montre que l'eau dé chlore est un corps *oxydant*.

L'action décomposante du chlore sur l'acide sulfhydrique explique son emploi comme *désinfectant*.

Enfin le chlore est un *décolorant* énergique : il détruit les couleurs d'origine organique (indigo, tournesol, encre ordinaire, etc.), en s'emparant de l'hydrogène qu'elles renferment.

54. Usages. — Le chlore est employé dans la désinfection des fosses d'aisances et des hôpitaux. On l'utilise surtout pour blanchir les toiles, la pâte à papier, la paille, etc. Pour ces différents usages, le chlore gazeux serait d'un emploi peu commode ; c'est pourquoi on le remplace par les *chlorures décolorants* (61).

§ III. — Sodium : Na = 23.

55. Historique et état naturel. — Le *sodium* fut découvert en 1807 par Davy, qui l'obtint en décomposant l'*hydrate de sodium* ou *soude caustique*, NaOH, par la pile. Il existe à l'état de chlorure dissous dans les eaux de la mer (*sel marin*), et à l'état de chlorure cristallisé (*sel gemme*) dans certains terrains. Tous les végétaux, et surtout certaines plantes marines, renferment des sels de sodium.

56. Préparations. — 1° Par l'électrolyse. — On soumet le chlorure de sodium, ou mieux la soude caustique, à l'action d'un courant électrique.

2°

2° Par la décomposition du carbonate de sodium. — On introduit dans de grands cylindres en fer, placés horizontalement dans un four à réverbère, un mélange pulvérisé de carbonate de sodium, de charbon et de craie. Celle-ci a pour but de rendre le mélange intime, car elle empêche le carbonate de sodium de fondre et le carbone de flotter à la surface du bain. Au rouge vif, il se dégage de l'oxyde de

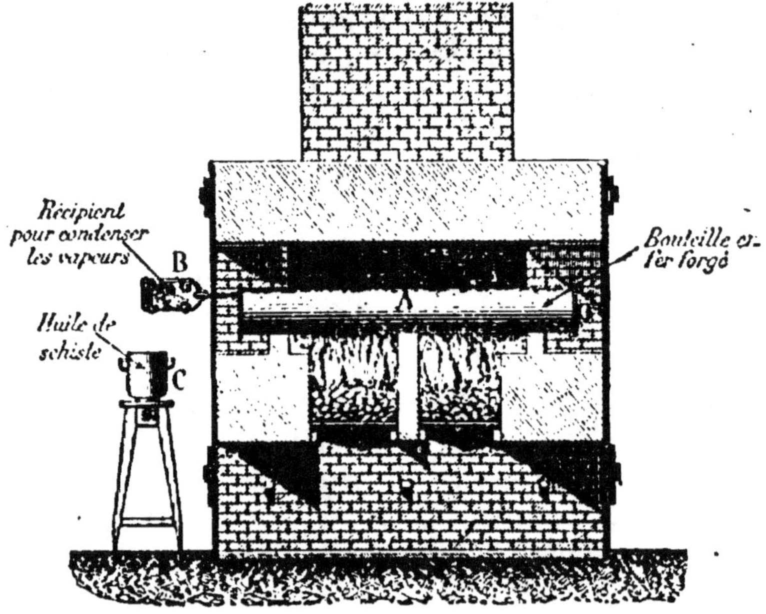

Fig. 40. — Préparation du sodium.

carbone et des vapeurs de sodium ; ces dernières se condensent dans des récipients plats (fig. 40).

57. Propriétés physiques. — Le sodium est solide à la température ordinaire, assez mou pour être rayé avec l'ongle ; sa surface est blanche, brillante quand il a été fraîchement coupé. Sa densité, 0,978, est un peu inférieure à celle de l'eau ; il fond à 95°.

58. Propriétés chimiques. — Le sodium, étant très oxydable, se ternit rapidement au contact de l'air humide ;

aussi le conserve-t-on dans des récipients bien fermés contenant un liquide qui ne renferme pas d'oxygène, comme l'huile de naphte.

Chauffé à l'air au-dessus de son point de fusion, il brûle avec une flamme jaune caractéristique.

Projeté dans l'eau, le sodium se déplace vivement à la surface du liquide; il se forme de la soude, et il se dégage de l'hydrogène. Si l'on empêche le sodium de se déplacer en gommant l'eau, l'hydrogène s'enflamme et brûle avec une flamme jaune très brillante; on obtient le même effet si l'on met en contact une petite quantité d'eau avec un fragment assez volumineux du métal.

Amalgame de sodium. — Un morceau de sodium, introduit dans du mercure légèrement chauffé, s'unit vivement à ce métal pour former un amalgame Hg^6Na, qui, au contact de l'eau, produit de l'hydrogène. Cet hydrogène, à l'état naissant, est utilisé pour réduire certains composés ou pour les hydrogéner.

RÉSUMÉ

L'*électrolyse* du sel marin fondu donne du chlore et du sodium; celle du chlorure dissous produit, suivant les conditions de l'expérience, du chlore et de la soude, ou de l'hypochlorite de sodium, ou encore du chlorate de sodium.

Le *chlore*, découvert par Scheele, s'obtient: 1° par l'action de l'acide chlorhydrique sur le bioxyde de manganèse; 2° par l'électrolyse du chlorure de sodium; 3° par la décomposition de l'acide chlorhydrique, en présence de l'air et d'un catalyseur.

Pour avoir l'eau de chlore, on fait barboter le gaz dans de l'eau froide. Le liquide obtenu s'altère à la lumière solaire; il dissout les feuilles d'or.

Le chlore est un gaz jaune verdâtre, d'une odeur suffocante, assez soluble dans l'eau, de densité 2,48. La propriété caractéristique de ce gaz est son affinité pour l'hydrogène; grâce à cette propriété, il décompose tous les composés hydrogénés, en donnant de l'acide chlorhydrique. Le mélange de chlore et d'hydrogène détone avec violence à la lumière solaire; à la lumière diffuse, la combinaison des deux gaz se fait lentement.

L'oxygène, l'azote, le carbone et le fluor sont les seuls métalloïdes avec lesquels le chlore ne se combine pas directement. Les métaux forment avec ce gaz des chlorures.

Le chlore est employé comme oxydant, comme désinfectant et comme décolorant.

Le *sodium*, découvert par Davy, en décomposant la soude par la pile, s'obtient aujourd'hui par l'électrolyse du chlorure de sodium fondu ; on le prépare aussi en calcinant un mélange de carbonate de sodium et de charbon, en présence de la craie.

Le sodium est un métal mou, facilement oxydable, mais à surface brillante, quand il vient d'être coupé. Sa densité égale 0,97. Chauffé à l'air au-dessus de son point de fusion (95°), le sodium brûle avec une flamme jaune.

Il décompose l'eau à froid, se combine au mercure pour donner un amalgame de sodium qui, en présence de l'eau, produit de l'hydrogène utilisé, dans l'industrie, à l'état naissant.

CHAPITRE VIII

SOUDE CAUSTIQUE — CHLORURES DÉCOLORANTS

§ I. — Soude caustique.

59. **Préparations.** — 1° **Par l'électrolyse du chlorure de sodium dissous.** — On fait passer le courant électrique dans une dissolution concentrée de sel marin, et on recueille la soude à la catode (49).

2° *En décomposant par la chaleur une dissolution bouillante de carbonate de sodium.* — Il se forme un précipité de carbonate de calcium et de la soude, qui reste dissoute dans le liquide. La liqueur, d'abord évaporée à consistance sirupeuse, est ensuite coulée sur une plaque en cuivre, où elle se prend, par refroidissement, en tablettes blanches ; c'est la *soude à la chaux*. Pour la purifier, on la traite par l'alcool, qui ne dissout que la soude ; en évaporant, on obtient la *soude à l'alcool*.

3° On obtient de la *soude pure* en projetant du sodium en petits fragments dans de l'eau refroidie, et en concentrant la solution obtenue.

60. Propriétés et usages. — La *soude caustique* est un corps solide, blanc, déliquescent [1], très soluble dans l'eau. Sa solution est une base énergique qui ramène au bleu la teinture de tournesol rougie par un acide et qui corrode fortement les tissus organiques.

La soude est surtout employée dans la fabrication des savons durs.

§ II. — Chlorures décolorants.

61. Action du chlore sur les bases. — Le chlore peut être absorbé par les bases alcalines et par la chaux éteinte pour donner des composés appelés **chlorures décolorants.**

Les chlorures décolorants sont : l'*eau de Javel*, la *liqueur de Labarraque*, et le *chlorure de chaux*.

L'eau de Javel est une solution d'hypochlorite et de chlorure de potassium, obtenue, soit par l'électrolyse d'une solution aqueuse de chlorure de potassium, comme il a été dit (49), pour préparer l'hypochlorite de sodium ; soit en faisant passer le chlore, obtenu par l'électrolyse des chlorures alcalins, dans une solution étendue et froide de potasse.

La liqueur de Labarraque est la solution d'hypochlorite et de chlorure de sodium, obtenue par les procédés qui viennent d'être indiqués pour l'eau de Javel ; ou encore, par l'action du chlorure de chaux sur le carbonate de sodium. Cet hypochlorite est presque seul employé sous le nom d'eau de Javel.

---

[1] Un corps *déliquescent* est celui qui a la propriété d'attirer l'humidité de l'air et de se dissoudre dans l'eau absorbée.

Le **chlorure de chaux**, mélange d'hypochlorite de calcium et de chlorure de calcium, s'obtient en dirigeant un courant de chlore sur de la chaux éteinte.

Ces trois chlorures décolorants sont si peu stables qu'un acide, même très faible, comme le gaz carbonique de l'air, les décompose à la température ordinaire, avec formation de carbonate correspondant et *dégagement de chlore*.

Versons, par exemple, de l'eau de Javel dans un verre qui contient de l'indigo; la décoloration est instantanée, grâce à la présence du gaz carbonique de l'air. En opérant avec la teinture de tournesol, on ne remarque d'abord rien; mais si l'on ajoute quelques gouttes d'acide au liquide, la décoloration a lieu immédiatement.

Le chlore, ainsi libéré, agit comme *désinfectant* et comme *décolorant*.

Pour les usages, les chlorures décolorants sont d'un emploi plus pratique que le chlore; ils contiennent, en effet, sous un volume relativement faible, une grande quantité de gaz libre, jusqu'à 115 litres environ par kg. de chlorure.

RÉSUMÉ

On prépare la *soude* : 1° en électrolysant la dissolution de sel marin; 2° en faisant agir la chaux sur une dissolution bouillante de carbonate de sodium; 3° en projetant des morceaux de sodium dans l'eau.

La soude est un corps solide, blanc, déliquescent, très soluble dans l'eau, très caustique. Elle colore en bleu la teinture de tournesol rougie par un acide.

Elle est employée dans les savonneries.

Les *chlorures décolorants* sont : l'eau de *Javel*, mélange d'hypochlorite et de chlorure de potassium; la liqueur de *Labarraque,* mélange d'hypochlorite et de chlorure de sodium; et le *chlorure de chaux*, mélange d'hypochlorite et de chlorure de calcium.

Les chlorures décolorants ont la propriété de dégager du chlore en présence d'un acide, même faible.

CHAPITRE IX

ACIDE CHLORHYDRIQUE — CHLORURES

§ I. — Acide chlorhydrique : $HCl = 36,5$.

62. Historique et état naturel. — *L'acide chlorhydrique* était autrefois connu des alchimistes, qui l'obtinrent par la distillation d'un mélange de sel marin et de sulfate de fer, et lui donnèrent les noms d'*acide muriatique* et d'*esprit de sel*. Gay-Lussac[1] et Thénard[2] en déterminèrent la composition.

On le trouve, à l'état libre, dans les émanations des volcans.

63. Préparation. — **I. Préparation des laboratoires.** — On chauffe, dans un ballon, du chlorure de sodium ou sel marin $NaCl$ avec de l'acide sulfurique SO^4H^2; l'acide chlorhydrique se dégage, et il reste du sulfate acide de sodium SO^4HNa.

On recueille le gaz sur le mercure, ou par déplacement dans un ballon bien sec.

II. Préparation industrielle. — Dans l'industrie, l'opération est conduite dans un *four à moufles*, c'est-à-dire dans un four où la matière à traiter est soumise à l'action du feu, sans que la flamme puisse la toucher (fig. 41).

64. Propriétés physiques. — L'acide chlorhydrique est un gaz incolore, produisant à l'air des fumées blanches qui retombent en brouillard. Son odeur est vive et suffocante; sa densité égale 1,26.

Sa *solubilité* est très grande dans l'eau. A la température

---

[1] GAY-LUSSAC, savant français, célèbre par ses nombreuses découvertes en physique et en chimie (1778-1850).

[2] THÉNARD, chimiste français (1777-1857), découvrit le bore, inventa le bleu qui porte son nom, etc.

de 15°, l'eau peut absorber 475 fois son volume d'acide chlorhydrique, et 500 à 0°.

On peut répéter les deux expériences faites à l'étude de

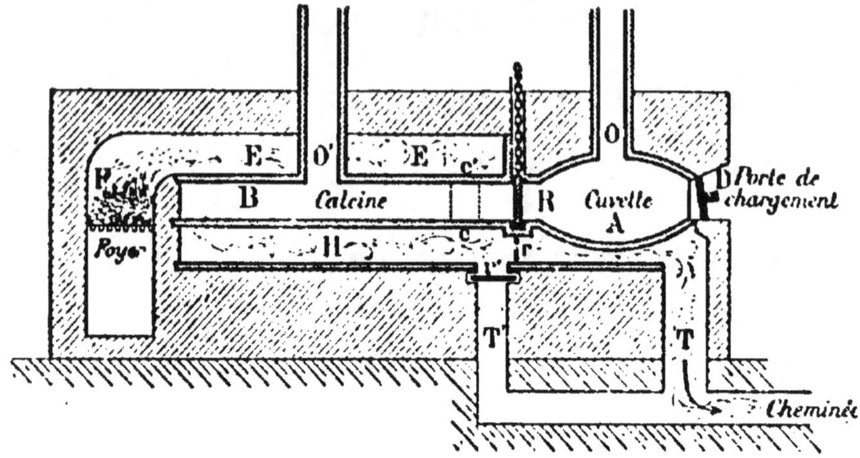

Fig. 41. — Préparation industrielle de l'acide chlorhydrique.

la solubilité du gaz ammoniac (45), mais en ayant soin, à la seconde, de ne pas rougir la teinture de tournesol.

Il se liquifie, si on le soumet à une forte pression ou à un refroidissement considérable.

Dans les expériences de laboratoire, on se sert de l'acide dissous. Cette dissolution aqueuse est incolore lorsqu'elle est pure; celle du commerce est jaune, à cause du chlorure ferrique $FeCl^3$ qu'elle renferme.

65. Propriétés chimiques. — Le gaz chlorhydrique n'est ni comburant, ni combustible. Sa solution est un acide énergique rougissant fortement la teinture de tournesol, et attaquant tous les métaux, à l'exception de l'or et du platine.

Il se combine directement avec le gaz ammoniac, en formant d'abondantes fumées blanches de chlorure d'ammonium AzH^4Cl.

66. Usages. — On emploie l'acide chlorhydrique pour la préparation de l'hydrogène, du gaz carbonique, du chlore et des chlorures, pour le décapage des métaux et l'extraction de la gélatine des os.

Il entre, avec l'acide azotique, dans la composition de l'eau régale (117).

§ II. — Chlorures.

67. État naturel. — Les *chlorures* sont des combinaisons binaires, dont l'un des éléments est le chlore.

Certains de ces composés sont très répandus dans la nature ; on trouve particulièrement les chlorures de sodium, de potassium, de magnésium, soit dans l'eau de la mer, soit dans certains terrains où ils forment des gisements assez importants.

68. Préparation des chlorures dans les laboratoires. — Les chlorures métalliques peuvent s'obtenir artificiellement :

1° Par l'action directe du chlore sur un métal. — C'est en faisant passer un courant de chlore sur de l'étain ou du fer chauffés que l'on obtient les chlorures d'étain $SnCl^4$, et de fer $FeCl^3$.

2° Par l'action de l'acide chlorhydrique sur un métal, un carbonate, etc. — Si dans un vase contenant de l'acide chlorhydrique on introduit un fragment de zinc, il se dégage de l'hydrogène, et le zinc se tranforme en chlorure $ZnCl^2$, qui se dissout dans le liquide.

En traitant la craie par l'acide chlorhydrique, on obtient du chlorure de calcium $CaCl^2$, et un dégagement de gaz carbonique.

3° Par l'action de l'eau régale sur un métal. — C'est ainsi que l'on prépare les chlorures d'or $AuCl^3$ et de platine $PtCl^4$.

69. Propriétés physiques. — Les chlorures sont des sels généralement incolores et inodores. Tous sont volatils, et la plupart sont solubles dans l'eau.

70. Propriétés chimiques. — L'électricité décompose tous les chlorures fondus en leurs éléments. Le métal se rend sur la catode, et le chlore se dégage autour de l'anode.

Les métaux *alcalins* enlèvent leur chlore à la plupart des chlorures et mettent le métal en liberté. Cette propriété a été utilisée pendant longtemps pour préparer l'aluminium et le magnésium.

§ III. — Chlorure de sodium ou sel marin : NaCl.

71. État naturel et extraction. — Le chlorure de sodium est très répandu dans la nature. On le trouve :

1° A l'état solide, dans le sein de la terre (*sel gemme*). Il existe des mines de sel en Pologne (Wieliczka), en Espagne (mines de Cardona, en Catalogne), en Lorraine (Dieuze).

Fig. 42. — Marais salants.

Quand les amas de sel sont considérables, on les exploite directement par galeries ou à ciel ouvert ; quand ils ie sont moins, on envoie, par des trous de sonde, de l'eau qui se charge de sel et que l'on évapore ensuite dans de grands bassins. Ce procédé d'extraction est pratiqué à Salins (Jura) et dans la vallée de la Seille (Lorraine).

2° A l'état dissous dans les eaux de la mer, qui en contiennent environ 2 %. On fait évaporer l'eau de mer dans une série de bassins peu profonds, nommés *marais salants* (fig. 42). Le sel ainsi obtenu contient, outre le chlorure de sodium, du chlorure de magnésium, des sulfates de calcium et de magnésium en assez faibles proportions.

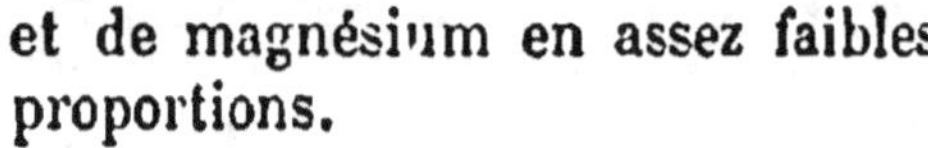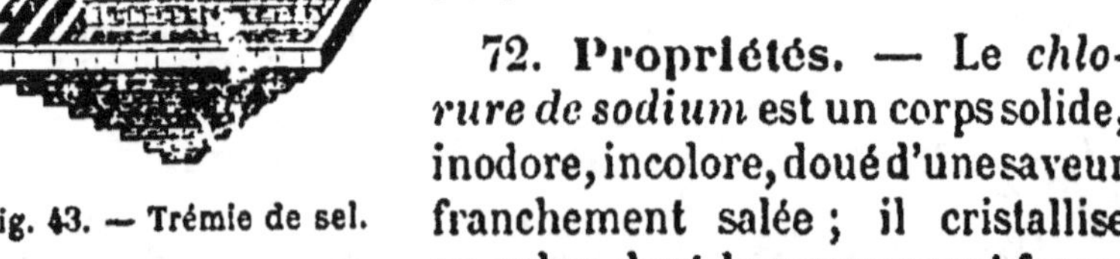

Fig. 43. — Trémie de sel.

72. **Propriétés.** — Le *chlorure de sodium* est un corps solide, inodore, incolore, doué d'une saveur franchement salée ; il cristallise en cubes dont le groupement forme des pyramides quadrangulaires creuses ou *trémies* (fig. 43).

Lorsqu'on chauffe le sel marin, il décrépite, parce que *l'eau d'interposition*, emprisonnée entre les lamelles des cristaux pendant leur formation, se vaporise et les fait éclater.

Le chlorure de sodium est soluble dans l'eau, et sa solubilité varie peu avec la température.

73. Usages. — Le chlorure de sodium sert à préparer l'acide chlorhydrique (63), le sulfate et le carbonate de sodium. On l'emploie pour obtenir des mélanges réfrigérants, vernisser les poteries grossières, conserver les viandes et assaisonner les aliments, etc.

L'électrolyse de ce sel fournit divers produits qui ont été étudiés dans le chapitre précédent.

RÉSUMÉ

L'acide chlorhydrique, dont la composition fut déterminée par Gay-Lussac et Thénard, s'obtient en chauffant un mélange de sel marin et d'acide sulfurique. Dans les laboratoires, le gaz se recueille sur la cuve à mercure; dans l'industrie, on le reçoit dans des bonbonnes contenant de l'eau où il se dissout.

C'est un gaz incolore, d'une odeur suffocante, produisant à l'air des fumées blanches; sa densité est 1,26. Il est très soluble dans l'eau, et se liquéfie à une température variant avec la pression.

Il n'est ni comburant ni combustible; il attaque tous les métaux, sauf l'or et le platine; il se combine directement au gaz ammoniac.

L'acide chlorhydrique sert à préparer le chlore et les chlorures, à décaper et à dissoudre les métaux, à extraire la gélatine des os. Certains chlorures se trouvent dans la nature; la plupart s'obtiennent en attaquant un métal, soit par le chlore ou l'acide chlorhydrique, soit par l'eau régale.

Le *chlorure de sodium* ou sel marin existe, à l'état solide, dans le sein de la terre. Si les amas de sel sont considérables, on les exploite directement; dans le cas contraire, on envoie, par des trous de sondage, de l'eau qui dissout du sel; le liquide salé est ensuite évaporé. Le chlorure de sodium se trouve à l'état dissous dans l'eau de la mer; cette eau, soumise à l'évaporation spontanée, dans les marais salants, laisse déposer le sel.

C'est un corps incolore, inodore, d'une saveur salée, cristallisé en cubes dont le groupement forme des pyramides quadrangulaires creuses (trémies). Sa solubilité dans l'eau varie peu avec la température.

Avec le chlorure de sodium, on prépare l'acide chlorhydrique, le sulfate et le carbonate de sodium ; on vernisse les poteries, on conserve les viandes, on assaisonne les aliments. L'électrolyse du sel fondu donne du chlore et du sodium ; celle du chlorure dissous produit du chlore et de la soude.

CHAPITRE X

NOMENCLATURE CHIMIQUE ET NOTATION ATOMIQUE

74. Nomenclature et notation. — *La nomenclature chimique est l'ensemble des règles adoptées pour nommer les corps simples et les composés définis.*

La notation *est l'ensemble des règles adoptées pour les représenter* à l'aide de *symboles* qui simplifient l'écriture.

La notation actuelle est dite *atomique,* parce que le symbole de chaque corps simple représente en même temps l'*atome* et le *poids atomique* de cet élément.

Les premiers principes de la nomenclature ont été publiés par Guyton de Morveau et Lavoisier, en 1787.

§ I. — Corps simples.

75. Nomenclature et notation des corps simples. — Lés corps simples portent des noms particuliers qui ne sont soumis à aucune règle.

Le symbole de chaque corps simple est constitué par la lettre initiale majuscule de son nom (actuel ou ancien), suivie au besoin d'une seconde lettre minuscule empruntée au même mot, dans le cas où plusieurs noms commencent par la même lettre.

Ex. : *Oxygène,* O ; *hydrogène,* H ; *potassium* (kalium), K ; *sodium* (natrium), Na ; *calcium,* Ca ; *chrome,* Cr ; *argent,* Ag, etc.

76. Classement des métalloïdes, d'après leur valence. — *On appelle valence d'un métalloïde, le nombre d'atomes d'hydrogène que peut fixer l'atome de ce métalloïde.*

Un métalloïde est dit **monovalent, divalent, trivalent, tétravalent,** suivant que son atome se combine avec 1, 2, 3, 4 atomes d'hydrogène.

L'hydrogène lui-même est considéré comme monovalent.

On divise les métalloïdes en quatre classes, suivant leur valence, mais en réservant à l'hydrogène une place à part.

Le tableau suivant indique aussi le poids atomique de chaque métalloïde.

Cette classification a en outre l'avantage de grouper ensemble les corps qui ont des propriétés chimiques analogues.

Division des métalloïdes en 4 classes.

HYDROGÈNE : $H = 1$			
MÉTALLOÏDES MONOVALENTS	**MÉTALLOÏDES DIVALENTS**	**MÉTALLOÏDES TRIVALENTS**	**MÉTALLOÏDES TÉTRAVALENTS**
Fluor, $F = 19$	Oxygène, $O = 16$	Azote, $Az = 14$	
Chlore, $Cl = 35,5$	Soufre, $S = 32$	Phosphore, $P = 31$	Carbone, $C = 12$
Brome, $Br = 80$	Sélénium, $Se = 79$	Arsenic, $As = 75$	Silicium, $Si = 28$
Iode, $I = 127$	Tellure, $Te = 128$	Antimoine, $Sb = 120$	
		Bore, $B = 11$	

77. Classement des métaux, d'après leur valence. — On détermine la valence des métaux par rapport au chlore, lequel est monovalent relativement à l'hydrogène.

Ainsi, *la valence d'un métal est le nombre d'atomes de chlore que peut fixer l'atome de ce métal pour former un composé stable.*

Voici la valence, le symbole et le poids atomique des principaux métaux :

Monovalents : { Potassium, K=39; Sodium, Na=23; Argent, Ag=108.

Divalents : { Calcium, Ca=40; Baryum, Ba=137; Strontium, Sr=88; Plomb, Pb=207; Zinc, Zn=65; Cuivre, Cu=64; Fer, Fe=56.

Trivalents : | Aluminium, Al=27; Or, Au=197.

Tétravalents : | Étain, Sn=119; Platine, Pt=194.

Remarque. — La valence d'un corps peut varier : ainsi l'azote est trivalent dans AzH^3, et pentavalent dans AzH^4Cl.

§ II. — Corps composés.

78. Nomenclature et notation. — Le nom d'un composé se forme au moyen des noms des constituants, suivant des règles que nous allons faire connaître.

La formule d'un composé s'obtient en écrivant, les uns à la suite des autres, les symboles de tous les composants, et en affectant chaque symbole d'un exposant qui indique le nombre d'atomes de cet élément qui entre dans la molécule du composé. On n'écrit pas l'exposant 1, qui est toujours sous-entendu.

La formule d'un composé représente à la fois une molécule de ce corps et le poids moléculaire de ce composé. Ce poids moléculaire n'est autre que la somme des poids atomiques de tous les composants.

79. Classement des corps composés. — Les corps composés se classent d'après leurs *fonctions chimiques*, c'est-à-dire d'après l'ensemble de leurs propriétés communes.

Les fonctions chimiques sont : les acides, les bases et les sels.

Voici les caractères distinctifs des *acides* et des *bases :*

Les acides { ont une *saveur aigrelette,* analogue à celle du vinaigre, *rougissent* la teinture bleue de tournesol, n'ont *pas d'action* sur la phtaléine du phénol.

Les bases { ont une saveur caractéristique dite *saveur alcaline*,
ramènent au bleu la teinture de tournesol rougie par un acide,
rougissent la phtaléine du phénol.

80. Composés binaires non oxygénés. — Les composés binaires non oxygénés sont de trois sortes :

A. — Hydracides. — *On appelle hydracide tout acide qui résulte de la combinaison de l'hydrogène avec un métalloïde.*

Son nom se forme du mot *acide* suivi du nom du métalloïde et de la terminaison **hydrique**.

Sa formule commence par le symbole de l'hydrogène.

Ex. : Acide chlorhydrique, HCl.
Acide sulfhydrique, H^2S.

B. — Composés en ure. — On appelle ainsi les composés binaires, non oxygénés et non acides, qui contiennent au moins un métalloïde.

Leur nom commence par celui de l'élément électro-négatif[1] avec la terminaison **ure**, et se complète par le nom de l'autre élément. Leur formule, au contraire, commence par le symbole du corps électro-positif.

Ex. : Sulfure de carbone, CS^2.
Chlorure de potassium, KCl.
Carbure de calcium, CaC^2.

Quand les deux éléments se combinent en plusieurs proportions, on se sert des préfixes **proto** ou **mono, sesqui, bi, tri**..., pour indiquer l'exposant $1, 3/2, 2, 3$... du corps électro-négatif.

Ex. : *Mono*sulfure de potassium, K^2S.
*Bi*sulfure de potassium, K^2S^2.
*Tri*sulfure de potassium, K^2S^3.
*Tétra*sulfure de potassium, K^2S^4.
*Penta*sulfure de potassium, K^2S^5.

---

[1] Dans l'électrolyse d'un composé, l'élément qui se porte à l'électrode *positive* ou anode est dit *électro-négatif*; l'élément qui se rend à l'électrode *négative* ou catode est dit *électro-positif*.

Par exemple, dans l'électrolyse de l'eau, l'hydrogène est électro-positif, l'oxygène est électro-négatif.

L'oxygène est un des corps les plus électro-négatifs.

Tous les métalloïdes sont électro-négatifs par rapport aux métaux.

C. — Alliages. — La combinaison de plusieurs métaux s'appelle *alliage*.

Ex. :   Alliage de cuivre et de zinc (laiton).

Les alliages qui contiennent du mercure prennent le nom d'*amalgame*.

Ex. :   Amalgame d'or, amalgame de potassium.

81. Composés binaires oxygénés. — Les composés binaires oxygénés forment deux groupes : les anhydrides et les oxydes.

A. — Anhydrides. — En général, dans les anhydrides, l'oxygène est combiné avec un métalloïde.

Trois cas peuvent se présenter :

1° *Si le métalloïde ne forme qu'un seul anhydride,* le nom de celui-ci se compose du mot *anhydride* suivi du nom du métalloïde et de la terminaison **ique**. La formule commence par le symbole du métalloïde et se termine par celui de l'oxygène.

Ex. :   Anhydride carbonique, CO^2.

2° *Si le métalloïde forme deux anhydrides,* le nom du moins oxygéné se termine en **eux**, et celui de l'autre en **ique**.

Ex. :   Anhydride arsénieux, As^2O^3.
                     Anhydride arsénique, As^2O^5.

3° *Si le métalloïde forme plus de deux anhydrides,* on distingue le moins oxygéné par le préfixe **hypo**, et le plus oxygéné par le préfixe **hyper** ou **per**.

Ex. :   Anhydride hypochloreux, Cl^2O.
                     Anhydride chloreux, Cl^2O^3.
                     Anhydride azotique, Az^2O^5.
                     Anhydride perazotique, AzO^3.

B. — Oxydes. — En général, si c'est un *métal* qui se combine avec l'oxygène, on obtient un **oxyde basique** ; si c'est un métalloïde, on obtient un **oxyde neutre**.

Trois cas peuvent se présenter :

1° *Si l'élément considéré ne forme qu'un seul oxyde,*

le nom de celui-ci se compose du mot *oxyde* suivi du nom de l'élément [1].

La formule commence par le symbole de cet élément et se termine par celui de l'oxygène.

Ex. :   Oxyde de zinc, ZnO.

2° *Si l'élément forme deux oxydes*, on fait suivre le nom de l'élément de la terminaison **eux** pour le moins oxygéné, et de la terminaison **ique** pour le plus oxygéné.

Ex. :   Oxyde stanneux, SnO.
       Oxyde stannique, SnO^2.

3° *Si l'élément donne plus de deux oxydes*, on fait précéder le mot oxyde des préfixes **proto, sesqui, bi...**, qui indiquent les exposants de l'oxygène 1, 3/2, 2...

Ex. :   Protoxyde de manganèse, MnO.
    Sesquioxyde de manganèse, $MnO^{3/2}$ ou Mn^2O^3.
    Bioxyde de manganèse, MnO^2.

82. Composés ternaires oxygénés. — Les composés ternaires forment trois groupes principaux : les **oxacides**, les **hydrates** et les **sels oxygénés**.

A. — **Oxacides.** — *On appelle oxacides, les acides qui résultent de la combinaison des anhydrides avec l'eau.*

Ex. : L'anhydride sulfurique SO^3, combiné avec l'eau H^2O, donne l'acide sulfurique SO^4H^2.

Le nom d'un oxacide se compose du mot *acide* suivi du nom de l'anhydride qui lui donne naissance.

Ex. :   Acide phosphorique PO^4H^3.
      { Acide sulfureux, SO^3H^2.
      { Acide sulfurique, SO^4H^2.
      { Acide hypochloreux, $ClOH$.
      { Acide chloreux, ClO^2H.

---

[1] Certains oxydes ont conservé leur ancien nom :
Ex. :   La chaux (oxyde de calcium).
      La baryte (oxyde de baryum).
      La magnésie (oxyde de magnésium).
      L'alumine (oxyde d'aluminium).

B. — Hydrates. — *Les hydrates sont des bases qui résultent de la combinaison des oxydes métalliques avec l'eau.*

Ex. : La chaux vive CaO, avec l'eau H^2O, donne l'hydrate de calcium (chaux éteinte) CaO^2H^2 ou $Ca(OH)^2$.

On les nomme par ce mot *hydrate* suivi du nom du métal.

Ex. : Hydrate de potassium (potasse), KOH.
Hydrate de zinc, $Zn(OH)^2$.

C. — Sels oxygénés. — *Les sels oxygénés ou oxysels dérivent des oxacides par la substitution d'un métal à l'hydrogène.*

On les désigne par le nom de l'acide en changeant la désinence *ique* en *ate* et *eux* en *ite*, et en terminant par le nom du métal.

Ex : Acide azotique AzO^3H ; azotate de potassium AzO^3K.
Acide azoteux AzO^2H ; azotite de sodium AzO^2Na.

Si l'acide contient plusieurs H remplaçables, il peut donner plusieurs sels. Ainsi, l'acide sulfurique SO^4H^2 donnera SO^4HK ou SO^4K^2.

Le premier, contenant encore un H remplaçable (une fonction acide), est dit sulfate *acide* de potassium ; l'autre, sulfate *neutre* de potassium.

Remarque. — Les sels dérivés des hydracides sont des composés binaires que l'on désigne à l'aide de la désinence *ure*, comme il a été dit.

Ex. : L'acide chlorhydrique HCl donne des chlorures, tel le chlorure de sodium NaCl.

§ III. — Lois des combinaisons.

83. Lois des combinaisons. — Toutes les combinaisons chimiques sont soumises à quatre lois générales, très importantes :

A. — Loi des poids. — *Le poids d'un composé est égal à la somme des poids des composants. (Lavoisier.)*

Exemple : 16^{gr} d'oxygène se combinent avec 2^{gr} d'hydrogène, pour former 18^{gr} d'eau.

B. — Loi des proportions définies. — *Dans tout corps composé, les poids des composants sont dans un rapport invariable.* (Proust.)

Exemple : Le soufre et le fer se combinent dans la proportion de 32 du premier pour 56 du second, c'est-à-dire dans le rapport de 4/7. Si l'un des corps en présence se trouve en excès, cet excès n'entre pas en combinaison.

C. — Loi des proportions multiples. — *Lorsque deux corps s'unissent pour former des composés différents, les divers poids de l'un qui se combinent avec un même poids de l'autre sont entre eux dans un rapport simple.* (Dalton.)

Ainsi, 28 parties d'azote, en poids, se combinent séparément avec 16, 32, 48, 64, 80, 96 parties d'oxygène, pour former 5 composés distincts, et ces nombres, comparés deux à deux, sont dans un rapport simple.

D. — Lois des volumes ou lois de Gay-Lussac. — 1° *Les volumes de deux gaz qui se combinent, évalués dans les mêmes conditions de température et de pression, sont toujours en rapport simple.*

2° *Le volume du composé est en rapport simple avec le volume des composants.*

Exemple : 1 vol. d'hydrogène et 1 vol. de chlore, donnent 2 vol. de gaz chlorhydrique.

1 vol. d'oxygène et 2 vol. d'hydrogène, donnent 2 vol. de vapeur d'eau.

1 vol. d'azote et 3 vol. d'hydrogène, donnent 2 vol. de gaz ammoniac.

Remarque. — Lorsque deux gaz se combinent à volumes égaux, il n'y a généralement pas de contraction.

Au contraire, quand deux gaz se combinent à volumes inégaux, il y a toujours contraction. Cette contraction est de 1/3 si les volumes composants sont dans le rapport de 2 à 1, de 1/2 s'ils sont dans le rapport de 3 à 1.

(Voir les exemples ci-dessus.)

84. Molécule. — Atome. — D'après des considérations fondées sur les lois de Proust et de Dalton, on admet que la matière n'est pas divisible à l'infini, mais qu'elle se compose de *molécules* et d'*atomes*.

1° *La molécule d'un corps simple ou composé est la plus petite quantité de ce corps qui puisse exister à l'état libre.* Ainsi, une molécule d'eau est la plus petite particule isolée qui possède encore les propriétés de l'eau ; une molécule d'oxygène est la plus petite particule isolée qui possède encore les propriétés de l'oxygène, etc.

L'affinité est la force qui unit entre elles les particules de plusieurs corps simples, pour former la molécule d'un corps composé.

2° *L'atome est la plus petite partie d'un corps simple qui puisse entrer en combinaison.*

D'une manière générale, la molécule d'un élément contient deux atomes ; cependant la molécule de phosphore contient quatre atomes de phosphore, et la molécule de vapeur de mercure ne contient qu'un atome de mercure.

Les atomes n'existent pas isolés à l'état libre ; mais, dans les réactions chimiques, ils peuvent se séparer les uns des autres pour entrer individuellement en combinaison.

85. Équations chimiques. — *Une équation chimique est une identité entre deux sommes de poids moléculaires. Dans le premier membre figurent des corps réagissant les uns sur les autres, et dans le second, les produits de la réaction.*

Dans une équation chimique, tous les atomes contenus dans le premier membre doivent se retrouver dans le second.

La réaction de l'acide sulfurique sur le zinc est représentée par l'équation suivante :

$$SO^4H^2 \quad + \quad Zn \quad = \quad SO^4Zn \quad + \quad H^2.$$

Acide sulfurique.   Zinc.   Sulfate de zinc.   Hydrogène.

Pour traduire cette identité en nombre, il suffit de remplacer chaque symbole par le poids atomique qu'il représente, et d'effectuer au besoin les additions partielles qui donnent les poids moléculaires de chaque composé.

On trouve :

$$98 + 65 = 161 + 2.$$

C'est-à-dire que 98 gr. d'acide sulfurique, en se combinant avec 65 gr. de zinc, donnent 161 gr. de sulfate de zinc et 2 gr. d'hydrogène.

Les équations chimiques permettent de résoudre facilement les *problèmes de chimie*.

RÉSUMÉ

La *nomenclature* est l'ensemble des règles adoptées pour nommer les corps simples et les composés définis. La *notation* est l'ensemble des règles adoptées pour les représenter ; le *symbole* de chaque corps simple représente aussi, par convention, son *poids atomique*.

Le *symbole* de chaque corps simple est constitué par la lettre initiale de son nom (actuel ou ancien), suivie au besoin d'une seconde lettre empruntée au même mot.

Les *corps simples* se divisent en *métalloïdes* et *métaux*. Les métalloïdes sont généralement dénués de l'éclat métallique, conduisent mal la chaleur et l'électricité et ne forment avec l'oxygène que des oxydes neutres et des anhydrides.

Les métaux possèdent l'éclat métallique, conduisent bien la chaleur et l'électricité, et forment, avec l'oxygène, au moins un oxyde basique.

La *valence* d'un métalloïde est déterminée par le nombre d'atomes d'hydrogène qui peuvent se combiner avec un atome de ce métalloïde.

La valence d'un métal est déterminée par le nombre d'atomes de chlore qui peuvent se combiner avec un atome de ce métal.

Les *corps composés* se divisent : 1° D'après le *nombre* de leurs éléments, en *binaires, ternaires, quaternaires*; 2° D'après leurs fonctions chimiques, en *acides, bases, sels*.

La formule d'un composé s'obtient en écrivant les uns à la suite des autres les symboles de tous les composants, et en affectant chaque symbole d'un exposant qui indique le nombre d'atomes de cet élément qui entrent dans la molécule du composé.

Nomenclature des corps composés.

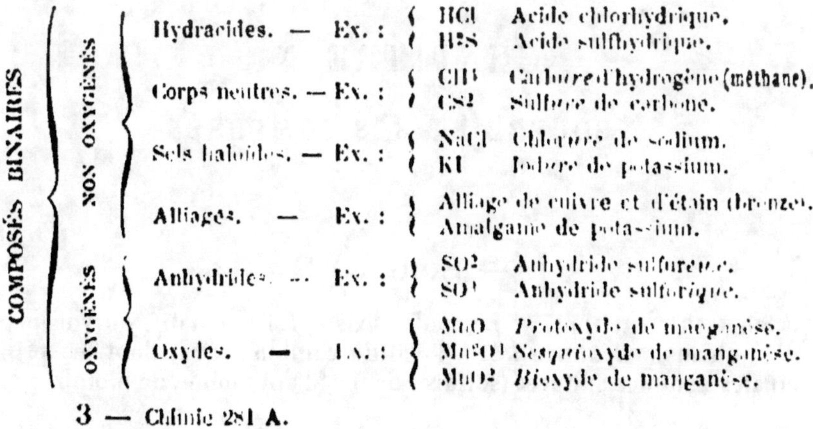

COMPOSÉS BINAIRES	NON OXYGÉNÉS	Hydracides. — Ex. :	HCl	Acide chlorhydrique.
			H²S	Acide sulfhydrique.
		Corps neutres. — Ex. :	CH⁴	*Carbure d'hydrogène* (méthane).
			CS²	Sulfure de carbone.
		Sels haloïdes. — Ex. :	NaCl	Chlorure de sodium.
			KI	Iodure de potassium.
		Alliages. — Ex. :		Alliage de cuivre et d'étain (bronze).
				Amalgame de potassium.
	OXYGÉNÉS	Anhydrides. — Ex. :	SO²	Anhydride sulfureuse.
			SO³	Anhydride sulfurique.
		Oxydes. — Ex. :	MnO	*Protoxyde de manganèse.*
			Mn²O³	*Sesquioxyde de manganèse.*
			MnO²	*Bioxyde de manganèse.*

3 — Chimie 281 A.

<table>
<tr><td rowspan="11" style="writing-mode:vertical-rl">COMPOSÉS TERNAIRES</td></tr>
<tr><td rowspan="3">Hydrates. — Ex. :</td><td>KOH</td><td>Hydrate de potassium (potasse).</td></tr>
<tr><td>Fe(OH)^2</td><td>Hydrate ferreux.</td></tr>
<tr><td>Fe^2(OH)^6</td><td>Hydrate ferrique.</td></tr>
<tr><td rowspan="4">Oxacides. — Ex. :</td><td>ClOH</td><td>Acide hypochloreux.</td></tr>
<tr><td>ClO^{2}H</td><td>Acide chloreux.</td></tr>
<tr><td>ClO^{3}H</td><td>Acide chlorique.</td></tr>
<tr><td>ClO^{4}H</td><td>Acide perchlorique.</td></tr>
<tr><td rowspan="4">Oxysels. — Ex. :</td><td>S^{2}O^{3}Na^2</td><td>Hyposulfite de sodium.</td></tr>
<tr><td>SO^{3}Na^2</td><td>Sulfite de sodium.</td></tr>
<tr><td>SO^{4}HK</td><td>Sulfate acide de potassium.</td></tr>
<tr><td>SO^{4}K^2</td><td>Sulfate neutre de potassium.</td></tr>
</table>

Lois des combinaisons. — 1. *Loi des masses :* Le poids d'un composé égale la somme des poids des composants.

Loi des proportions définies : Pour former un composé déterminé, les éléments se combinent toujours dans un rapport invariable.

Loi des proportions multiples : Si deux corps s'unissent pour donner plusieurs composés, il existe un rapport simple entre les différents poids de l'un qui se combinent avec un même poids de l'autre.

Loi des volumes : 1° Les volumes de deux gaz qui se combinent, évalués dans les mêmes conditions de température et de pression, sont toujours en rapport simple.

2° Le volume du composé est en rapport simple avec les volumes des composants.

La matière se compose de molécules et d'atomes.

La *molécule* est la plus petite particule d'un corps qui puisse exister à l'état libre.

L'*atome* est la plus petite partie d'un corps qui puisse entrer en combinaison.

CHAPITRE XI

SOUFRE ET SES COMPOSÉS

§ I. — Soufre : S = 32.

86. **État naturel.** — Le soufre existe, à l'état natif, au voisinage des volcans (*solfatares*), et à l'état de combinaisons, dont les principales sont des sulfures (sulfures de fer, d'antimoine, de plomb, etc.

Un grand nombre de corps organisés en renferment (jaune d'œuf, moutarde, oignons, etc.).

87. Extraction. — Le soufre se retire des terrains volcaniques, qui le renferment à l'état natif. On le sépare des matières terreuses, auxquelles il est mélangé, par simple *fusion* du minerai disposé en meules ou *calcaroni*, ou par *distillation* dans des vases en terre.

Dans le premier procédé, une partie du soufre passe par combustion à l'état de gaz sulfureux; l'autre partie fond et s'accumule sur l'aire de la meule (fig. 44).

Dans le second procédé, on emploie un fourneau de galère. On y range deux files de pots en grès communiquant, par

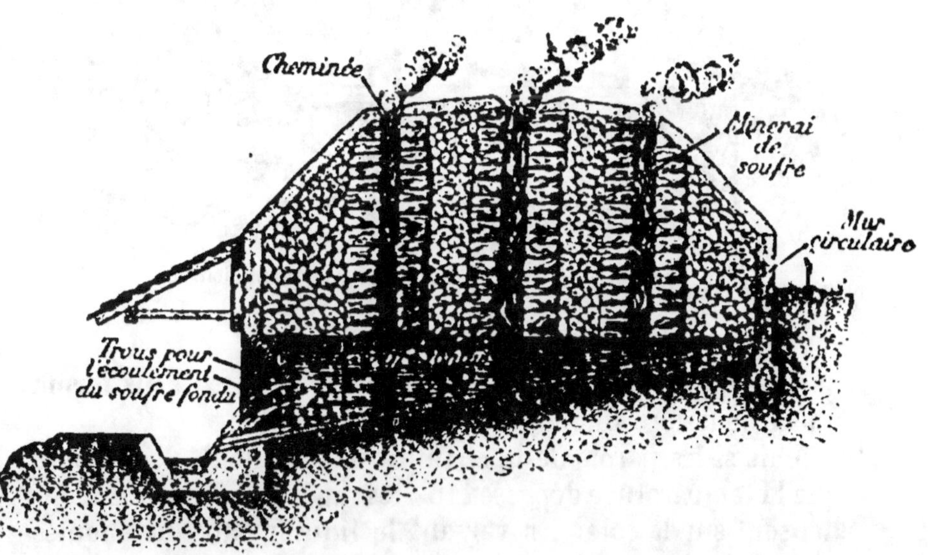

Fig. 44. — Extraction du soufre. (Procédé des calcaroni.)

une tubulure latérale inclinée, avec d'autres vases semblables placés à l'extérieur, et destinés à condenser les vapeurs de soufre. Le soufre liquide s'écoule dans des baquets d'eau froide où il se solidifie (fig. 45).

Le soufre obtenu est impur; aussi est-il nécessaire de le *raffiner* avant de le livrer à l'industrie.

88. Raffinage. — Le soufre est raffiné par *distillation*. On dirige ses vapeurs dans une grande chambre en maçon-

Fig. 45. — Extraction du soufre par distillation.

nerie (fig. 46), où elles se condensent d'abord sous forme d'une poussière fine, appelée *fleur de soufre*.

Mais si les parois de la chambre s'échauffent, de manière que la température dépasse 115°, les vapeurs de soufre se condensent sur la sole. En versant le liquide dans des moules en bois légèrement coniques, on obtient le soufre en canons.

89. Propriétés physiques. — A la température ordinaire, le soufre est un corps solide, jaune citron, inodore et insipide. Sa densité varie entre 1,97 et 2,07.

Le soufre est mauvais conducteur de la chaleur et de l'électricité. Si l'on chauffe ce corps à la surface, par exemple en le serrant avec la main, on entend des craquements, dus aux ruptures causées par la dilatation superficielle.

Un morceau de soufre tenu à la main s'électrise par frot-

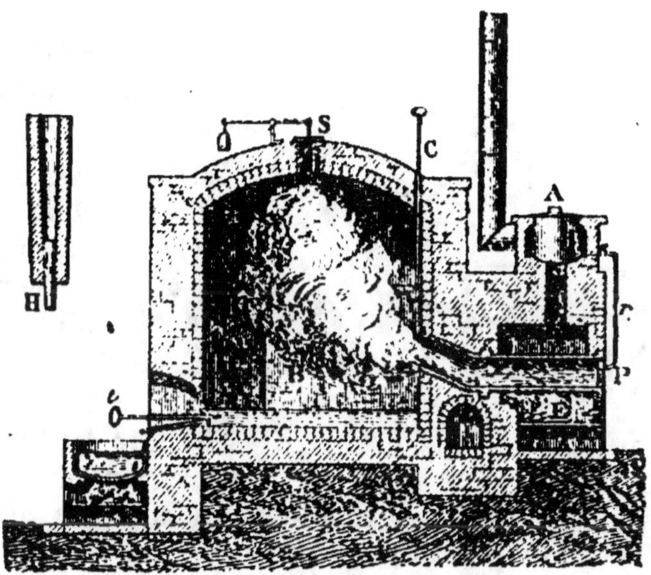

Fig. 46. — Raffinage du soufre.

A, réservoir contenant le soufre brut en fusion, lequel s'écoule par le tube *r* dans le cylindre P, où la chaleur du foyer E le réduit en vapeur ; — B, chambre à condensation ; — C, registre qui permet d'arrêter l'arrivée de la vapeur de soufre ; — S, soupape ; *t*, tringle servant à donner issue au soufre fondu ; — H, moule pour le coulage du soufre en canon.

tement ; il possède alors la propriété d'attirer les corps légers (fig. 47).

Le soufre est insoluble dans l'eau, peu soluble dans l'alcool, plus soluble dans la benzine, et surtout dans le sulfure de carbone.

Action de la chaleur. — Le soufre fond vers 115°, en donnant un liquide transparent dont la couleur et la fluidité varient avec la température. Ce liquide bout à 448°.

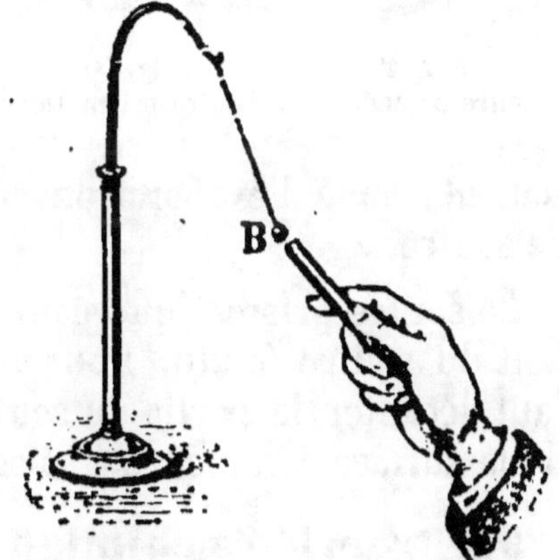

Fig. 47. — Un morceau de soufre électrisé attire une balle de sureau.

Si l'on verse dans de l'eau froide le soufre à son

maximum de viscosité (230°), on obtient le soufre mou (fig. 48).

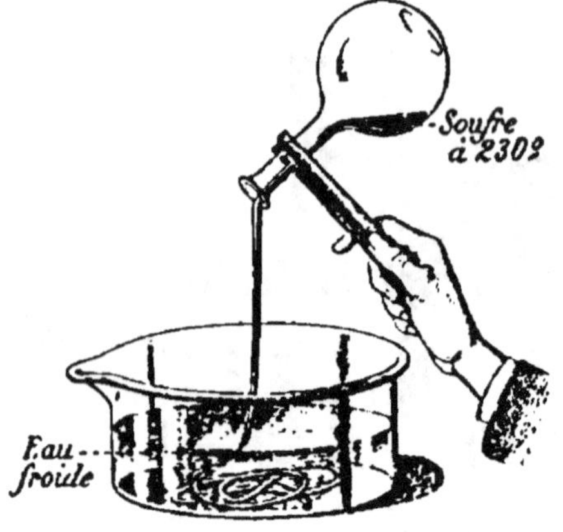

Fig. 48. — Soufre mou.

Ce soufre peut s'étirer en fils, comme du caoutchouc.

Cristallisation. — Le soufre cristallise sous la forme *octaédrique* (fig. 49) ou sous la forme *prismatique* (fig. 50). Il est donc *dimorphe*[1].

Le soufre natif se présente en octaèdres inaltérables à l'air, à la température ordinaire. On obtient encore du soufre octaédrique en abandonnant au refroidis-

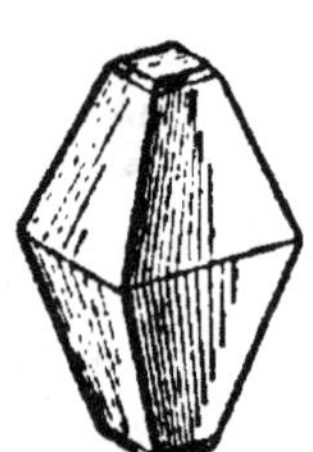

Fig. 49.
Soufre octaédrique.

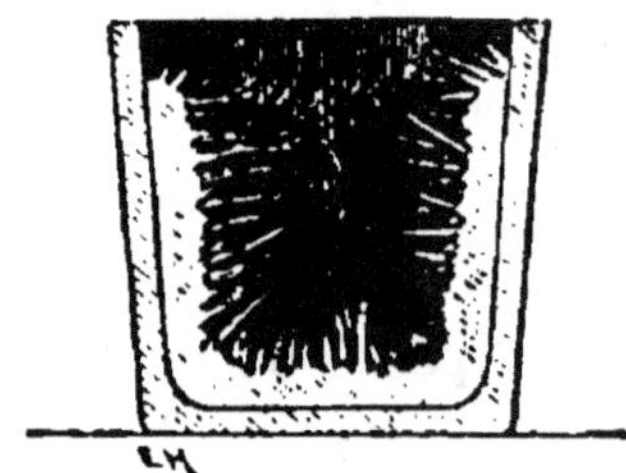

Fig. 50.
Soufre prismatique.

Fig. 51.
Cristallisation du soufre fondu.

sement, ou à l'évaporation, du sulfure de carbone saturé de soufre.

Le soufre prismatique peut s'obtenir par refroidissement lent du soufre fondu. Pour avoir des cristaux bien nets, il faut décanter la partie du soufre restée liquide au moment où la surface commence à se solidifier (fig. 51).

90. Propriétés chimiques. — **Action des métalloïdes.** — Le soufre est *combustible*, il brûle dans l'*oxygène* ou

---

[1] Un corps est *dimorphe* lorsqu'il cristallise sous deux formes.

dans *l'air* avec une flamme bleue, en donnant de l'anhydride sulfureux SO^2 :

$$S + 2O = SO^2.$$

Soufre.   Oxygène.   Anhydride sulfureux.

Le soufre chauffé avec l'*hydrogène*, en vase clos, à 440°, produit de l'hydrogène sulfuré H^2S.

Le carbone porté au rouge, dans un courant de vapeur de soufre, donne du sulfure de carbone CS^2, liquide très mobile.

Action des métaux. — Les métaux qui brûlent dans l'oxygène se combinent aussi avec le soufre à une température plus ou moins élevée, pour former des sulfures ; parfois il y a *incandescence*, comme avec le *cuivre*.

Si l'on mélange intimement du fer divisé et humide avec du soufre en fleur, les deux corps se combinent, même à froid ; la masse s'échauffe à la longue, et il y a production de vapeur d'eau. C'est l'expérience du *volcan de Lémery*.

91. Usages. — Le soufre est employé dans la fabrication du gaz sulfureux, de l'acide sulfurique, du sulfure de carbone, de la poudre noire, des allumettes ; on l'utilise également pour prendre des empreintes de médailles, pour combattre l'oïdium de la vigne ; on l'ordonne en médecine, sous forme de pommade, contre certaines maladies de la peau.

§ II. — Anhydride sulfureux : $SO^2 = 64$.

92. Préparations. — I. **Par le mercure ou le cuivre et l'acide sulfurique.** — On chauffe légèrement le mélange dans un ballon, et on recueille le gaz sur le mercure (fig. 52), à cause de sa *grande solubilité dans l'eau.*

Le cuivre, en présence de l'acide sulfurique, forme du sulfate de cuivre, et le gaz sulfureux est mis en liberté.

$$Cu + 2SO^4H^2 = SO^4Cu + SO^2 + 2H^2O.$$

Cuivre.   Acide sulfurique.   Sulfate de cuivre.   Anhydride sulfureux.   Eau.

La réaction avec le mercure est analogue ; il se forme du sulfate mercurique SO⁴Hg.

Quand on veut obtenir de *l'anhydride sulfureux liquide*, on fait

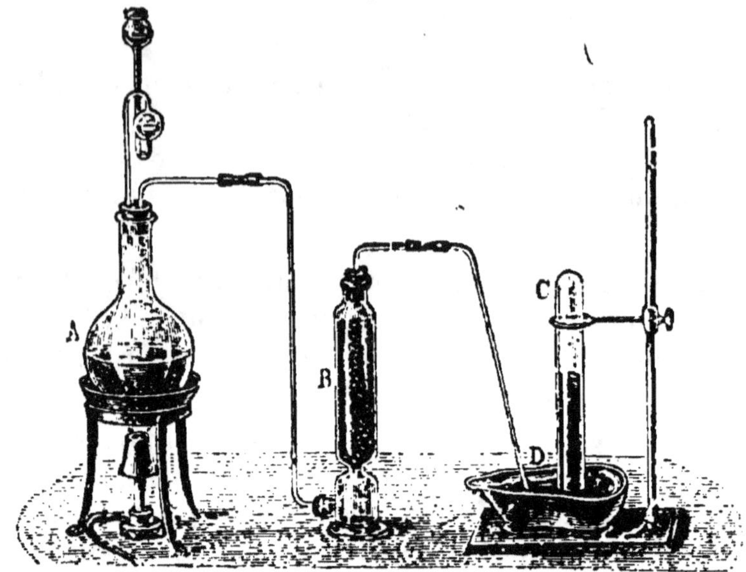

Fig. 52. — Disposition de l'appareil où l'on prépare du gaz sulfureux.
A, ballon renfermant l'acide sulfurique et le cuivre ; — B, éprouvette à dessécher les gaz ; — C, éprouvette dans laquelle on recueille le gaz ; — D, cuve
à mercure.

arriver le gaz desséché dans un ballon entouré d'un mélange réfrigérant (fig. 53).

Fig. 53. — Liquéfaction du gaz sulfureux.
B, ballon où se produit le gaz ; — E, éprouvette où se condense la vapeur
d'eau ; — T, tube à dessécher le gaz ; D, ballon où le gaz se liquéfie ; —
b, tube laissant échapper le gaz en excès.

II. **Préparation du gaz sulfureux par le grillage des pyrites de fer.** — On brûle les pyrites dans un four parcouru par un courant d'air; on a :

$$2FeS^2 \quad + \quad 11O \quad = \quad Fe^2O^3 \quad + \quad 4SO^2.$$

Pyrite.   Oxygène.   Oxyde ferrique.   Gaz sulfureux.

93. Propriétés physiques. — *L'anhydride sulfureux* est un gaz incolore, d'une odeur suffocante provoquant la toux, très dangereux à respirer. Sa densité est 2,26; l'eau en dissout cinquante fois son volume à la température ordinaire. Il se liquéfie à --10°, sous la pression atmosphérique. On obtient un liquide incolore, qui s'évapore en absorbant une grande quantité de chaleur, ce qui le fait employer comme réfrigérant.

Ainsi, pour solidifier le mercure, on introduit le tube A, contenant ce métal liquide, dans une éprouvette B renfermant de l'anhydride sulfureux liquide (fig. 54). A l'aide d'un soufflet et du tube C,

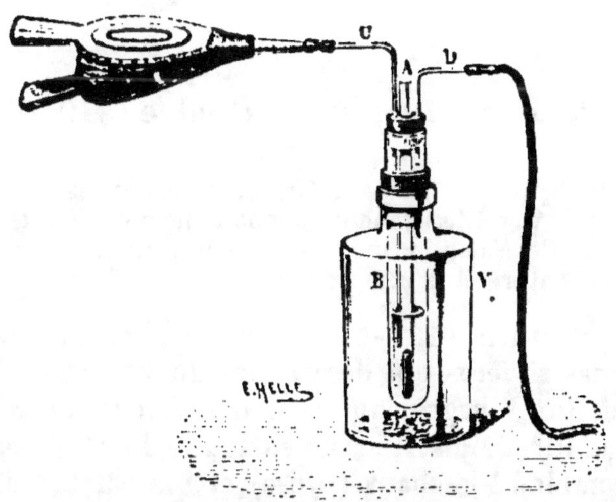

Fig. 54. — Solidification du mercure
par évaporation de l'anhydride sulfureux.

plongeant jusqu'au fond de l'éprouvette, on fait passer un courant d'air dans l'anhydride sulfureux, qui s'évapore et se dégage par le tube D, en produisant du froid. Le mercure se prend à l'état solide.

94. Propriétés chimiques. — **Action de l'oxygène.** — L'anhydride sulfureux n'entretient ni la respiration ni la combustion.

En présence de l'eau et de l'air, il se combine avec l'oxygène pour former de l'acide sulfurique :

$$SO^2 \quad + \quad H^2O \quad + \quad O \quad = \quad SO^4H^2.$$

Anhydride sulfureux.   Eau.   Oxygène.   Acide sulfurique

Aussi, pour conserver bien pure une dissolution de gaz sulfureux, faut-il se servir d'eau privée d'air par ébullition, et maintenir la dissolution dans un flacon plein, et bouché hermétiquement.

L'affinité de l'anhydride sulfureux pour l'oxygène explique comment il réduit les corps oxygénés peu stables et décolore diverses matières animales ou végétales, par exemple des violettes.

95. Usages. — L'anhydride sulfureux est employé dans la fabrication de l'acide sulfurique, pour le blanchiment des plumes, de la soie et de la laine, pour éteindre les feux de cheminée, pour empêcher les moisissures des tonneaux (mèches soufrées), pour assainir les milieux infects (cales de navires, hôpitaux), pour combattre la gale, pour désinfecter les objets à l'usage des malades atteints d'affections contagieuses. Dans presque tous les cas, on le prépare sur place par combustion du soufre.

L'abaissement de température produit par l'évaporation du gaz sulfureux liquéfié est utilisé pour fabriquer de grandes quantités de glace.

§ III. — Acide sulfurique ordinaire : $SO^4H^2 = 98$.

96. Historique. — L'acide sulfurique ordinaire était déjà connu au XIIIe siècle. Albert le Grand lui donna le nom d'*huile de vitriol;* le moine Basile Valentin indiqua sa préparation, et Lavoisier en détermina la nature et la composition.

97. État naturel. — On le trouve libre dans les eaux de certaines rivières qui descendent du voisinage des volcans. Le Rio Vinagre, qui sort des Andes, en renferme $1^{gr},34$ par litre. Mais il existe surtout à l'état de sel; on le trouve combiné à la chaux (gypse) et à la baryte (sulfate de baryum), etc.

98. Préparation de l'acide sulfurique. — La préparation de l'acide sulfurique repose sur l'oxydation de l'anhydride sulfureux par l'oxygène de l'air, en présence de l'eau :

$$SO^2 + O + H^2O = SO^4H^2.$$

Anhydride sulfureux.   Oxygène.   Eau.   Acide sulfurique.

Cette opération présente deux phases principales :

1° Production de *sulfate acide de nitrosyle* $SO^4H.AzO$ *(cristaux de chambres de plomb*) par l'intermédiaire de l'air, du bioxyde d'azote, de l'eau et du gaz sulfureux :

$$2SO^2 \quad + \quad H^2O \quad + \quad 2AzO \quad + \quad 3O \quad = \quad 2(SO^4H.AzO).$$

Anhydride sulfureux.	Eau.	Bioxyde d'azote.	Oxygène.	Sulfate acide de nitrosyle.

2° Décomposition de ce sulfate en anhydride azoteux et acide sulfurique par un excès d'eau :

$$2(SO^4H.AzO) \quad + \quad H^2O \quad = \quad Az^2O^3 \quad + \quad 2SO^4H^2.$$

Sulfate acide de nitrosyle.	Eau.	Anhydride azoteux.	Acide sulfurique.

Dans les laboratoires, on peut préparer une petite quantité d'acide sulfurique à l'aide d'un grand ballon contenant un peu d'eau, et dans lequel on fait arriver, au moyen de tubes traversant le bouchon, de l'oxyde azotique, de l'air et du gaz sulfureux (fig. 55).

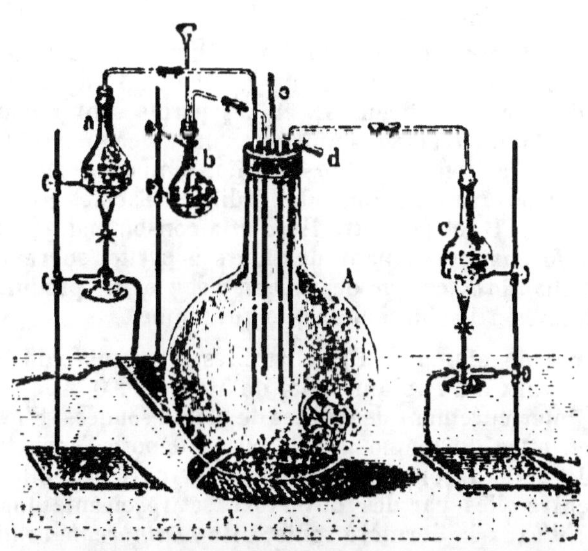

Fig. 55. — Préparation de l'acide sulfurique.

a, b, c, ballons dans lesquels se produisent l'acide sulfureux, l'oxyde azotique et la vapeur d'eau ; — *d*, tube qui amène le courant d'air ; — A, grand ballon où s'opèrent les réactions ; — *e*, tube pour la sortie des gaz en excès. — L'acide sulfurique se condense dans le ballon A.

99. Préparation industrielle. — L'industrie met à profit les réactions établies ci-dessus pour la production de l'acide sulfurique.

Les appareils servant pour cette préparation comprennent :
1. Les fours à pyrite (*fours Malétra*) ;

2. La tour de Glover ;
3. Les chambres de plomb ;
4. La tour de Gay-Lussac ;
5. Les appareils à concentration.

Fours à pyrite. — Le plus souvent, la substance destinée à fournir l'anhydride sulfureux est la pyrite FeS^2. Elle est placée sur des tables ou soles disposées *en chicane* (s, s, fig. 56), pour y être grillée : il se forme du gaz sulfureux, qui se rend au bas de la *tour de Glover*. Lorsque la combustion est assez avancée, on fait descendre la pyrite d'une sole à l'autre, et on la remplace par de la pyrite neuve.

Tour de Glover. — Cette tour a un triple effet :

1° Concentrer l'acide sulfurique des chambres de plomb, de 50° à 60° Baumé ;

2° Refroidir les gaz qui y circulent ;

3° Enlever les produits nitreux dissous, par l'acide sulfurique dans la *tour de Gay-Lussac*.

La *tour de Glover* se compose d'un bâtiment de 2 à 3 mètres de diamètre sur 10 à 15 mètres de hauteur (G, fig. 56). Elle est remplie de pierres siliceuses, et ses parois sont recouvertes de feuilles de plomb. L'acide sulfurique, qui vient des chambres de plomb et de la *tour de Gay-Lussac*, tombe en pluie fine d'un réservoir disposé au sommet de l'édifice ; l'acide arrive au bas, concentré à 60° B. et peut être livré à la consommation, tandis que le gaz sulfureux, provenant des fours à pyrite, se rend dans la première chambre, chargé de vapeur d'eau et de produits nitreux qu'il a enlevés à l'acide sulfurique qui tombe.

Chambres de plomb. — Ces chambres, au nombre de trois (c, c', c'', fig. 56), sont d'un volume total de 5000 à 6000 m. c. ; elles sont tapissées intérieurement de feuilles de plomb soudées. Elles reposent sur des cuvettes de même métal, où se dépose l'acide sulfurique formé ; de cette façon, la fermeture est parfaite. Elles communiquent entre elles par des ouvertures et reçoivent plusieurs jets de vapeur d'eau ; la dernière seule, dite *chambre de condensation*, n'en reçoit pas. C'est dans les deux premières chambres que se forme la plus grande partie de l'acide qui sera concentré dans la *tour de Glover*.

Tour de Gay-Lussac. — Les produits gazeux qui échappent aux réactions et à la condensation se rendent dans une tour remplie de coke et revêtue également de feuilles de plomb : c'est la *tour de Gay-Lussac* (L, fig. 56). De l'acide sulfurique à 60° B. coule à la partie supérieure, et, après s'être chargé des composés nitreux entraînés, se rend au sommet de la *tour de Glover*.

Concentration. — Au sortir de la *tour de Glover*, l'acide sulfu-

rique marque 60° à 62° B. On l'amène au degré commercial 66°, en
le chauffant dans des cornues en platine.

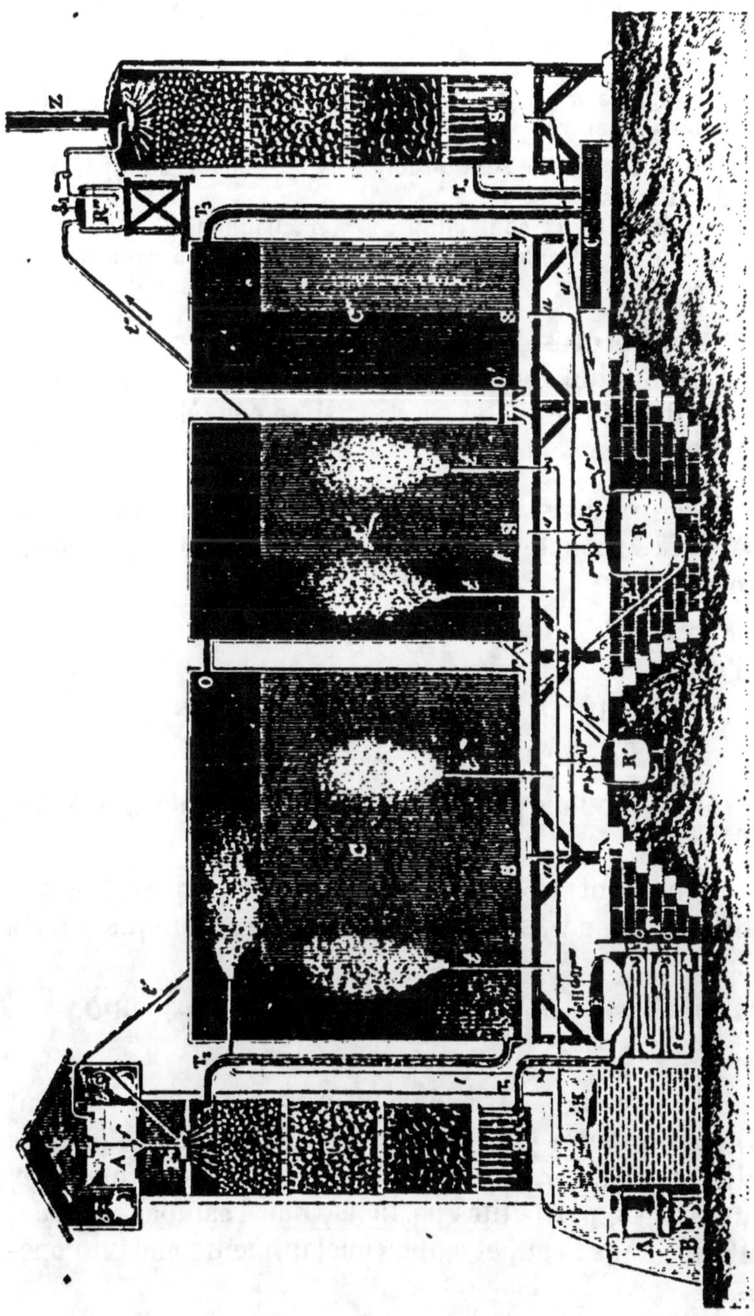

Fig. 56. — Préparation industrielle de l'acide sulfurique.

100. Impuretés et purification. — L'acide sulfurique, ainsi préparé, renferme généralement trois sortes d'impuretés :

1° Du *sulfate de plomb*, provenant de l'attaque des chambres de plomb ;

2° Des *produits nitreux* ;

3° Des *composés arsenicaux*, résultant du grillage des pyrites plus ou moins arsenicales.

L'arsenic et le plomb sont précipités par l'acide sulfhydrique, à l'état de sulfures.

Les produits nitreux sont éliminés, en chauffant l'acide sulfurique avec de 1 à 5 décigrammes de sulfate d'ammonium par 100 kg. d'acide.

101. Propriétés physiques. — *L'acide sulfurique pur* est un liquide incolore, inodore, de consistance sirupeuse ; sa densité est 1,84, à 15°. Il se congèle à — 34° et bout à 338°.

102. Propriétés chimiques. — **Action des métalloïdes.** — Les réducteurs, comme le *soufre* et le *carbone*, le décomposent.

Avec le *soufre bouillant*, il se produit du gaz sulfureux et de l'eau :

$$2 SO^4H^2 \quad + \quad S \quad = \quad 3 SO^2 \quad + \quad 2 H^2O.$$

Acide sulfurique.   Soufre.   Gaz sulfureux.   Eau.

C'est ainsi que l'on prépare le gaz sulfureux destiné à être liquéfié.

En remplaçant le soufre par le carbone, on obtient, à l'ébullition, du gaz sulfureux, du gaz carbonique et de l'eau :

$$2 SO^4H^2 \quad + \quad C \quad = \quad 2 SO^2 \quad + \quad CO^2 \quad + \quad 2 H^2O.$$

Acide sulfurique.   Carbone.   Gaz sulfureux.   Gaz carbonique.   Eau.

Action de l'eau. — L'acide sulfurique à 66° se dissout dans l'eau en toutes proportions, en dégageant une *grande quantité de chaleur*. Aussi doit-on, pour faire le mélange, toujours verser, par petites portions, non l'eau dans l'acide, mais l'acide dans l'eau, et agiter constamment pendant l'opération.

L'acide sulfurique absorbe également la vapeur d'eau ; cette propriété est utilisée, soit pour dessécher les gaz en leur faisant traverser des tubes en U, remplis de pierre ponce imbibée d'acide concentré, soit pour déshydrater certaines substances placées sous une cloche abritant un récipient plein d'acide du commerce.

C'est à cause de cette avidité pour l'eau que l'acide sulfurique détruit et noircit les matières organiques (sucre, bois, etc.), en leur prenant les éléments de l'eau et en les charbonnant.

Action des métaux. — L'acide sulfurique attaque tous les métaux, sauf l'*or* et le *platine*.

Il agit à froid sur le *fer* et le *zinc* ; il y a dégagement d'hydrogène.

$$Zn \quad + \quad SO_4H_2 \quad = \quad SO_4Zn \quad + \quad H_2$$

Zinc. — Acide sulfurique. — Sulfate de zinc. — Hydrogène.

Le *plomb* n'est attaqué que par l'acide concentré et bouillant.

103. Usages. — Les usages de l'acide sulfurique sont si nombreux, qu'on a pu calculer la richesse industrielle d'une contrée par la quantité de ce corps qui s'y consomme. Il sert dans la préparation de la plupart des acides minéraux et organiques : acides chlorhydrique, azotique, acétique, tartrique, etc. ; dans celle d'un grand nombre de sulfates (sulfates de sodium, de fer, de cuivre, etc.) ; dans la fabrication des bougies stéariques, de l'éther ordinaire, du phosphore, des superphosphates, etc.

104. Acide sulfurique fumant ou de Nordhausen, $S_2O_7H_2$. — L'*acide fumant* peut être considéré comme un mélange d'anhydride sulfurique SO_3 et d'acide sulfurique ordinaire SO_4H_2.

Pour préparer cet acide, on décompose par la chaleur, soit le sulfate acide de sodium desséché, soit le sulfate ferrique $(SO_4)_3Fe_2$; ces produits sont introduits dans des cornues en grès, rangées sur deux lignes dans un fourneau de galère. Chaque cornue communique avec une autre semblable, placée à l'extérieur et contenant de l'acide sulfurique. L'anhydride sulfurique se dégage et va se condenser dans des récipients extérieurs pour former le composé $S^2O^7H^2$, acide sulfurique fumant.

L'acide de Nordhausen est un liquide oléagineux, légèrement coloré en brun, répandant à l'air d'abondantes fumées. Il se décompose par la chaleur en anhydride sulfurique et en acide sulfurique ordinaire.

Cet acide sert à préparer l'*alizarine*, substance colorante rouge, et à dissoudre l'*indigo*, matière bleue, etc.

§ IV. — Acide sulfhydrique ou hydrogène sulfuré : $H^2S = 34$.

105. État naturel. — L'*acide sulfhydrique* se dégage spontanément de certaines eaux thermales sulfureuses. Il se forme dans la décomposition des matières végétales et animales qui renferment du soufre.

106. Préparation. — Par un sulfure et l'acide sulfurique, ou l'acide chlorhydrique. — On fait agir, *à froid*, les acides sulfurique ou chlorhydrique sur le sulfure de fer artificiel ; il se forme du sulfate ferreux ou du chlorure ferreux ; le gaz dégagé est recueilli sur la cuve à mercure, à cause de sa solubilité dans l'eau :

$$FeS + SO^4H^2 = SO^4Fe + H^2S.$$

Sulfure de fer. — Acide sulfurique. — Sulfate de fer. — Acide sulfhydrique.

$$FeS + 2HCl = FeCl^2 + H^2S.$$

Sulfure de fer. — Acide chlorhydrique. — Chlorure ferreux. — Acide sulfhydrique.

L'acide sulfhydrique contient toujours un peu d'hydrogène, provenant de l'action des acides employés sur le fer libre mêlé au sulfure.

Avec le sulfure naturel d'antimoine Sb^2S^3 et l'acide chlorhydrique, *à chaud* (fig. 57), on obtient du chlorure d'antimoine $SbCl^3$ et de l'acide sulfhydrique pur :

$$Sb^2S^3 + 6HCl = 2SbCl^3 + 3H^2S.$$

Sulfure d'antimoine. — Acide chlorhydrique. — Chlorure d'antimoine. — Acide sulfhydrique

107. Propriétés physiques. — L'acide sulfhydrique
est un gaz incolore, d'une odeur fétide rappelant celle des

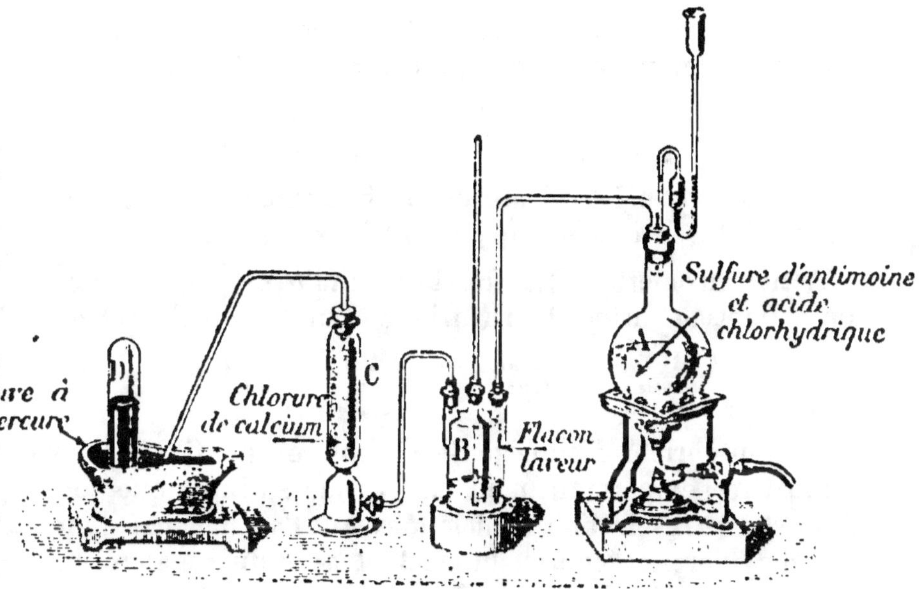

Fig. 57. — Préparation du gaz sulfhydrique par le sulfure d'antimoine.

œufs pourris; l'eau en dissout 3 à 4 fois son volume, à la
température ordinaire. Sa densité est 1,19.

108. Propriétés chimiques. — Action de l'oxygène.
— L'hydrogène sulfuré, formé de deux corps combustibles,
peut lui-même être enflammé; au contact de l'air, il brûle
avec une flamme bleue, en donnant de l'eau et du gaz sulfureux :

$$H^2S \quad + \quad 3O \quad = \quad H^2O \quad + \quad SO^2.$$

Acide   Oxygène.   Eau.   Gaz
sulfhydrique.   sulfureux.

L'oxygène de l'air décompose à la longue la dissolution
d'hydrogène sulfuré; on constate un dépôt jaunâtre et pul-
vérulent de soufre :

$$H^2S \quad + \quad O \quad = \quad H^2O \quad + \quad S.$$

Acide   Oxygène.   Eau.   Soufre.
sulfhydrique.

Aussi faut-il souvent renouveler les solutions d'hydrogène sulfuré.

En présence des corps poreux légèrement chauffés, l'oxydation est complète ; on obtient de l'acide sulfurique :

$$H^2S \quad + \quad 2O^2 \quad = \quad SO^4H^2.$$

Acide sulfhydrique.   Oxygène.   Acide sulfurique.

C'est pourquoi les rideaux des établissements d'eaux thermales sulfureuses sont rapidement hors d'usage.

Action du chlore. — Le *chlore* détruit l'hydrogène sulfuré ; on obtient de l'acide chlorhydrique et un dépôt de soufre :

$$H^2S \quad + \quad 2Cl \quad = \quad 2HCl \quad + \quad S.$$

Acide sulfhydrique.   Chlore.   Acide chlorhydrique.   Soufre.

Cette propriété désinfectante du chlore est utilisée pour combattre l'empoisonnement par l'acide sulfhydrique : on recourt à la respiration artificielle avec de l'air mélangé d'un peu de chlore, obtenu en humectant avec du vinaigre un linge contenant du chlorure de chaux.

Action des sels. — L'acide sulfhydrique donne, avec la plupart des sels métalliques, des sulfures colorés servant à caractériser la nature du métal. Ainsi le sulfure de plomb est noir, le sulfure de cadmium est jaune, le sulfure d'antimoine est rouge orangé, etc.

Action physiologique. — Ce gaz est *un poison violent :* mêlé à l'air dans la proportion, de 1/300, il peut asphyxier un homme ou un animal de grande taille. Heureusement son odeur fétide avertit de sa présence. Lorsqu'il se dégage subitement et en abondance, comme cela peut arriver lorsqu'on ouvre une fosse d'aisances, il peut déterminer l'asphyxie en quelques instants.

109. Usages. — L'acide sulfhydrique est employé à l'état gazeux ou en dissolution, dans l'analyse chimique.

C'est à l'acide sulfhydrique que certaines eaux minérales (Barèges, Eaux-Bonnes, etc.) doivent les propriétés qui les font employer pour combattre les maladies de la peau et les affections de la gorge.

RÉSUMÉ

Le soufre s'extrait, soit par fusion, soit par distillation.

Le soufre brut est ensuite *raffiné* et fournit le *soufre en fleur* ou le *soufre en canons*.

Le soufre est un corps solide, jaune, inodore, insoluble dans l'eau, soluble dans le sulfure de carbone et la benzine. Sa densité varie entre 1,97 et 2,07. Il est mauvais conducteur de la chaleur et de l'électricité.

Il cristallise en aiguilles prismatiques ou en octaèdres. Il brûle dans l'oxygène ou dans l'air avec une flamme bleue, en donnant de l'anhydride sulfureux. Il se combine avec l'hydrogène, le carbone, les métaux, pour former, suivant le cas, de l'acide sulfhydrique, du sulfure de carbone, des sulfures métalliques.

Les deux variétés sont utilisées par l'industrie, l'agriculture et la médecine.

On obtient le **gaz sulfureux** dans l'action du cuivre, du carbone ou du soufre sur l'acide sulfurique à chaud. Pour avoir la dissolution, ou recueille le gaz dans de l'eau froide, qui a été préalablement purgée d'air par ébullition. On obtient souvent ce gaz, dans l'industrie, en brûlant du soufre à l'air.

L'anhydride sulfureux est un gaz incolore, d'une odeur suffocante, de densité 2,26; il est très soluble dans l'eau, et se transforme à — 10°, sous la pression de 76^{cm}, en un liquide incolore, dont l'évaporation est utilisée pour produire du froid.

Ce gaz est utilisé par l'industrie et par la médecine.

La préparation de l'**acide sulfurique** repose sur l'oxydation du gaz sulfureux par l'oxygène de l'air, en présence de l'eau.

Cette oxydation se fait par l'intermédiaire des composés oxygénés de l'azote, dans les chambres de plomb. Le liquide obtenu est ensuite concentré, d'abord dans la tour de Glover, puis dans des appareils de concentration.

L'acide sulfurique est un liquide incolore, de consistance oléagineuse, inodore, de densité 1,84.

Il est très avide d'eau, propriété utilisée pour dessécher les gaz; il attaque tous les métaux, sauf l'or et le platine. Au rouge vif, il se décompose en anhydride sulfureux, oxygène et vapeur d'eau.

Les usages de l'acide sulfurique sont très nombreux; il sert à préparer la plupart des acides, un grand nombre de sulfates, le phosphore, etc.

L'**acide sulfhydrique** se forme dans la décomposition des matières végétales ou animales. On le prépare par l'action d'un sulfure métallique sur l'acide sulfurique ou l'acide chlorhydrique.

L'hydrogène sulfuré est un gaz incolore, d'une odeur fétide, assez soluble dans l'eau ; sa densité est 1,19. Il brûle avec une flamme bleue, en donnant de l'eau et de l'anhydride sulfureux. C'est un poison violent. Le chlore lui enlève son hydrogène. La plupart des sels métalliques donnent, avec l'hydrogène sulfuré, des sulfures colorés servant à caractériser le métal qu'ils contiennent.

Certaines eaux minérales naturelles lui doivent des propriétés curatives.

CHAPITRE XII

COMPOSÉS OXYGÉNÉS DE L'AZOTE — ACIDE AZOTIQUE

§ I. — Composés oxygénés de l'azote.

110. Principales combinaisons. — L'azote forme avec l'oxygène cinq composés principaux :

1° Le protoxyde d'azote ou oxyde azoteux, Az^2O ;
2° Le bioxyde d'azote ou oxyde azotique, AzO ;
3° L'anhydride azoteux, Az^2O^3 ;
4° Le peroxyde d'azote, AzO^2 ;
5° L'anhydride azotique, Az^2O^5.

Tous ces composés sont *endothermiques* à l'état gazeux, et, dès lors, très *instables*. Les corps réducteurs les ramènent à un degré d'oxydation moindre.

Au contact de l'eau, les anhydrides azoteux et azotique donnent respectivement les acides azoteux AzO^2H, et azotique AzO^3H.

§ II. — Acide azotique ou nitrique : $AzO^3H = 63$.

111. Historique. — L'Arabe Geber (viii° siècle) l'obtint, pour la première fois, en chauffant un mélange d'argile et de nitre (*salpêtre*) ; il lui donna le nom d'*esprit de nitre*. Raymond Lulle (1224) l'appela *eau-forte*, à cause de la propriété qu'il a d'attaquer les métaux. Cavendish, chimiste anglais, en fit le premier l'analyse (1784), et Lavoisier le nomma *acide nitrique*.

112. État naturel. — L'acide azotique existe dans la nature sous forme d'azotates de calcium, de magnésium, de sodium, de potassium (*salpêtre*). On en trouve des traces dans l'air atmosphérique après les orages.

113. Préparation. — 1° **Préparation des laboratoires.** — On chauffe modérément, dans une cornue en verre A, un mélange à poids égaux d'acide sulfurique SO^4H^2 et d'azotate de potassium AzO^3K ; les vapeurs d'acide azotique se condensent dans un ballon refroidi (fig. 58).

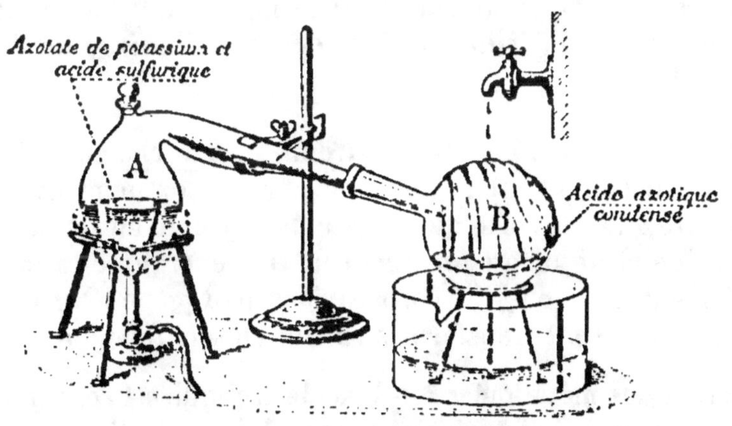

Fig. 58. — Préparation de l'acide azotique.

Il se forme du sulfate acide de potassium SO^4HK, qui reste dans le ballon :

$$AzO^3K \quad + \quad SO^4H^2 \quad = \quad AzO^2H \quad + \quad SO^4HK.$$

Azotate de potassium. Acide sulfurique. Acide azotique. Sulfate acide de potassium

2° **Préparation industrielle.** — Dans l'industrie, on remplace l'azotate de potassium par l'azotate de sodium (*salpêtre du Pérou*), qui est moins cher, et fournit, à poids égal, plus d'acide azotique que l'azotate de potassium. La réaction est la même ; mais opérant à une température plus élevée, on obtient un sulfate neutre au lieu d'un sulfate acide :

$$2AzO^3Na \quad + \quad SO^4H^2 \quad = \quad 2AzO^3H \quad + \quad SO^4Na^2.$$

Azotate de sodium. Acide sulfurique. Acide azotique. Sulfate de sodium.

L'industrie prépare aujourd'hui l'acide azotique en faisant agir l'arc électrique sur un courant d'air (mélange d'azote et d'oxygène) ; il se forme des produits nitreux qui, en présence de l'eau, donnent surtout de l'acide azotique.

114. Propriétés physiques. — L'acide azotique *monohydraté* ou *fumant*, est un liquide incolore quand il est pur ; il répand à l'air humide des fumées blanches dangereuses à respirer. Sa densité est 1,52.

Son point d'ébullition, égal à 86°, s'élève progressivement pour rester stationnaire à 123° ; le liquide qui passe alors est de l'acide *quadrihydraté* ou *acide ordinaire*, de densité 1,42.

115. Propriétés chimiques. — La chaleur et la lumière décomposent l'acide pur en eau, oxygène et peroxyde d'azote, de sorte que le liquide se colore en jaune.

L'acide azotique est un *oxydant* très énergique, attaqué facilement par tous les corps avides d'oxygène ; ainsi les *sels ferreux* sont transformés par lui en *sels ferriques*.

Action des métalloïdes. — L'acide azotique est *réduit* par l'*hydrogène* à l'état naissant ; on obtient de l'eau et de l'ammoniaque :

$$AzO^3H + 4H^2 = 3H^2O + AzH^3.$$

Acide azotique.   Hydrogène.   Eau   Gaz ammoniac.

Le *soufre* et le *phosphore* le décomposent, pour former de l'acide sulfurique et de l'acide phosphorique.

Action des métaux. — Il attaque tous les métaux, à l'exception de l'*or* et du *platine* ; on obtient un azotate et généralement de l'oxyde azotique qui, au contact de l'air, donne des vapeurs rouges de peroxyde d'azote.

L'acide fumant, mis en contact avec le fer, le rend *passif*, c'est-à-dire qu'alors le métal résiste à l'action de l'acide ordinaire. Ce fer passif est attaqué immédiatement par l'acide étendu, si on le touche avec un fil de cuivre. D'autres métaux, le nickel et le cobalt, par exemple, se comportent comme le fer.

Action des matières organiques. — Le coton immergé dans un mélange d'acide azotique et d'acide sulfurique concentrés, puis lavé et séché, donne une matière très inflammable : le *fulmicoton* ou *coton-poudre*.

L'acide azotique décolore l'indigo et jaunit la peau, la soie, la laine, etc.

116. Usages. — L'acide azotique concentré est employé pour préparer la nitrobenzine, la nitroglycérine (base de la dynamite), le celluloïd, le coton-poudre.

L'acide ordinaire sert à préparer les azotates d'argent, de cuivre, de mercure, etc. ; à teindre en jaune la laine et la soie ; à décaper les métaux, c'est-à-dire à enlever la rouille ou les oxydes qui les recouvrent ; à graver sur cuivre (*gravures à l'eau-forte*).

Pour graver, on enduit de cire ou de vernis la surface du métal ; puis, avec un stylet, on enlève le vernis suivant les traits du dessin à reproduire ; on étend ensuite sur le métal une couche d'acide azotique étendu, qui n'attaque que le métal mis à nu par le stylet ; on lave à l'essence de térébenthine, qui dissout la cire ; après nettoyage, le dessin apparaît en creux.

117. Eau régale. — L'*eau régale*, ainsi nommée parce qu'elle dissout l'or, le roi des métaux, est un mélange de trois ou quatre parties d'acide chlorhydrique avec une partie d'acide azotique.

La propriété dissolvante de ce liquide est mise en évidence de la manière suivante : Deux verres contiennent, l'un de l'acide azotique, et l'autre de l'acide chlorhydrique ; on introduit une feuille d'or dans chaque verre, elle reste intacte ; mais si l'on mélange les deux liquides, l'or disparaît par suite de la production de chlore *naissant* qui attaque le métal.

RÉSUMÉ

On prépare l'acide azotique en chauffant un mélange d'acide sulfurique et d'azotate de potassium ou de sodium.

L'acide azotique est le plus important des composés oxygénés de l'azote; il existe dans la nature à l'état d'azotate. C'est un liquide incolore, fumant à l'air, d'une odeur forte, d'une saveur caustique; sa densité varie de 1,42 à 1,52; son point d'ébullition, qui est 86° pour l'acide fumant, s'élève jusqu'à 123° pour l'acide ordinaire.

La chaleur le décompose. C'est un oxydant énergique que réduisent presque tous les métalloïdes. Il attaque tous les métaux, sauf l'or et le platine.

Avec l'acide concentré l'industrie prépare la nitrobenzine, la nitroglycérine, le celluloïd. L'acide ordinaire est utilisé pour la teinture en jaune de la soie, le décapage des métaux, la gravure sur cuivre, etc.

Le mélange d'acide azotique et d'acide chlorhydrique constitue l'*eau régale*, qui jouit de la propriété de dissoudre les métaux précieux. C'est le chlore naissant qui attaque le métal.

CHAPITRE XIII

COMBUSTIBLES NATURELS ET ARTIFICIELS. — CARBONE

---

§ I. — Combustibles naturels et artificiels.

Le **carbone** est l'élément principal des combustibles naturels et artificiels.

118. Combustibles naturels. — Les *combustibles naturels* comprennent les végétaux et les charbons naturels, auxquels on peut joindre les pétroles et les gaz combustibles qui se dégagent souvent des terrains pétrolifères.

Les principales variétés de charbons naturels sont : le diamant, le graphite, l'anthracite, la houille, le lignite et la tourbe.

Diamant. — Le *diamant* est du carbone pur cristallisé. Il est ordinairement incolore et brille d'un vif éclat, nommé *éclat adamantin*. Sa densité varie de 3,5 à 3,55. Sa dureté est telle, qu'on ne peut l'user qu'avec sa propre poussière.

Moissan[1] (1896) l'a reproduit artificiellement, mais en cristaux trop petits pour être utilisés. On le taille en *brillant* (fig. 59) ou en *rose* (fig. 60).

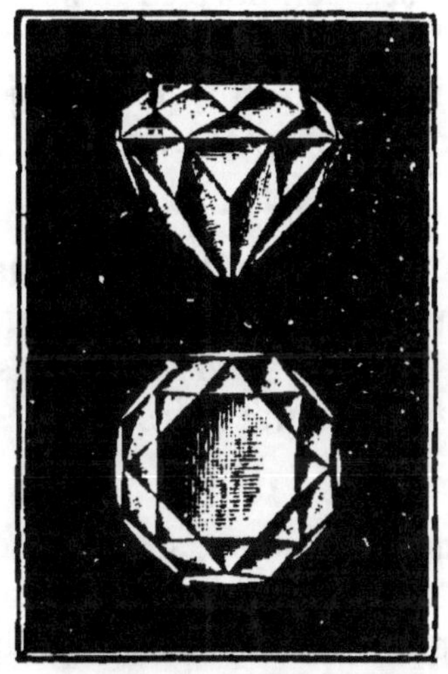

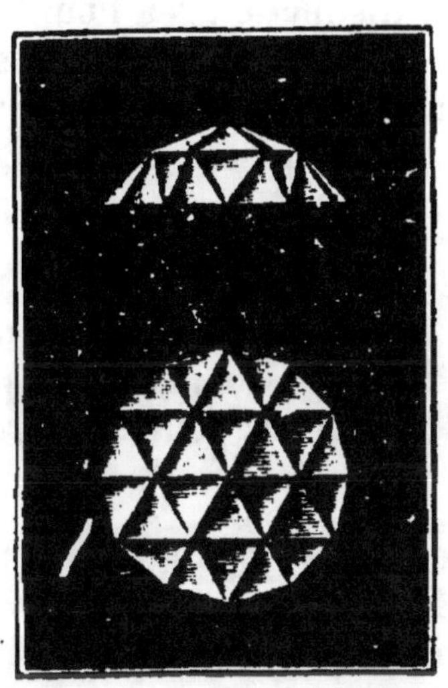

Fig. 59. — Diamant taillé en brillant. Fig. 60 . — Diamant taillé en rose.

Son poids s'évalue en carats (0^{gr},2). On s'en sert pour couper le verre, mais il est surtout utilisé comme parure.

Graphite. — Le graphite, nommé à tort *plombagine* ou *mine de plomb*, est un charbon qui se présente ordinairement en lames feuilletées, douces au toucher, laissant une trace grise sur le papier. On en fabrique des crayons. Comme il est bon conducteur de l'électricité, il sert en galvanoplastie pour rendre conductrices les surfaces à métalliser. Délayé dans l'huile, on l'emploie pour préserver de l'oxydation les fourneaux, les tuyaux de poêle, etc.

Anthracite. — L'anthracite, ou *charbon de pierre*, est noir, brillant, il s'allume difficilement ; mais, avec un bon tirage, il brûle en produisant beaucoup de chaleur.

Houille. — La houille, ou *charbon de terre*, est noire, luisante, brûle facilement en répandant d'abondantes fumées,

---

1 MOISSAN (1852-1907) s'est servi du four électrique pour un grand nombre d'expériences.

dues aux matières bitumineuses qu'elle renferme. Ce combustible, fréquemment employé, résulte de la décomposition lente des végetaux anciens.

On distingue : les houilles *grasses*, employées dans les forges et les usines à gaz ; les houilles *demi-grasses*, servant à chauffer les chaudières des machines à vapeur ; les houilles *maigres*, utilisées dans la cuisson des briques, des tuiles, etc.

Lignite. — Le lignite est un charbon brunâtre, quelquefois noir, offrant la structure du bois. Il en existe une variété noire compacte, appelée *jayet* ou *pierre de jais*, que l'on taillait pour en faire des ornements noirs : perles, boutons, etc.

Tourbe. — La tourbe est une matière brune, spongieuse, qui brûle assez facilement. Elle résulte de la décomposition partielle sous l'eau des végétaux qui, comme les mousses, les sphaignes, etc., se rencontrent dans les terrains marécageux.

119. Combustibles artificiels. — Les *combustibles artificiels* sont : la plupart des charbons artificiels, les huiles et graisses, le gaz de ville, le gaz pauvre, etc.

Les principaux charbons artificiels sont : le coke, le charbon des cornues, le charbon de bois, le noir animal et le noir de fumée.

Coke. — Le coke est le résidu de la distillation de la houille. Il est gris noirâtre, très poreux et brûle en donnant beaucoup de chaleur. Comme il a perdu par la distillation presque tous les produits gazeux que renferme la houille, sa combustion se fait presque sans flamme et sans fumée.

Charbon des cornues. — Le charbon des cornues est du carbone presque pur, qui se dépose sur les parois des cornues, dans la distillation de la houille ; il est gris, noirâtre, compact. On l'emploie dans les piles électriques et dans les lampes à arc.

Charbon de bois. — Le charbon de bois est le résidu de la distillation du bois en vase clos ou de sa combustion incomplète.

Pour cette combustion, on dispose les bûches comme l'indique la figure 61. On recouvre le tout de terre, en ména-

Fig. 61. — Coupe d'une meule pour la carbonisation du bois.

geant près du sol quelques ouvertures (*évents*) donnant accès à l'air; puis on jette des matières embrasées dans la cheminée, et quand la combustion est assez avancée, on bouche les évents et on laisse refroidir.

La distillation du bois permet de recueillir des produits secondaires tels que goudrons, esprit de bois, acide pyroligneux, créosote, etc. Le bois réduit en bûches est introduit dans des cornues communiquant avec un serpentin refroidi. Les produits volatils dégagés se condensent, pour la plupart, dans le serpentin. A la fin de l'opération, il reste dans les cornues un corps noir et poreux.

Le charbon de peuplier, de bourdaine, est utilisé pour la fabrication de la poudre noire. Les charbons de fusain, de noisetier, servent aux dessinateurs.

La facilité avec laquelle le charbon de bois absorbe les gaz le fait employer dans les laboratoires. Si, par exemple, on introduit un charbon incandescent sous une éprouvette pleine de gaz ammoniac et placée sur la cuve à mercure, ce

charbon s'éteint, et on voit le mercure monter dans l'éprouvette par suite de l'absorption du gaz (fig. 62).

Fig. 62. — Absorption du gaz ammoniac par le charbon.

Noir animal. — Le noir animal est le résultat de la calcination des os en vase clos. L'osséine, ou substance organique des os, est décomposée en produits gazeux qui se dégagent, et en charbon qui reste mêlé aux sels minéraux des os.

Ce corps, très poreux, et peu riche en carbone, n'est pas
combustible. On l'emploie pour décolorer les liquides et pour
raffiner le sucre. Après avoir été revivifié plusieurs fois pour
ces usages, il peut être finalement utilisé comme engrais.

Noir de fumée. — Le noir de fumée est une poussière
noire, très fine, provenant de la combustion incomplète des
matières grasses ou résineuses. Pour l'obtenir, dans les

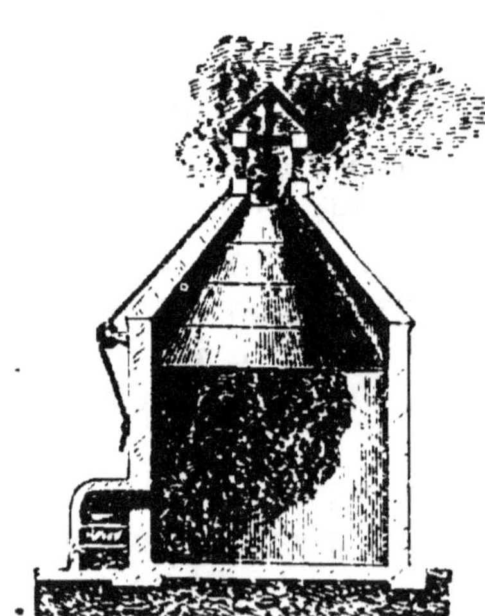

Fig. 63.
Fabrication du noir de fumée.

installations rudimentaires, on fait arriver la fumée dans une chambre cylindrique, dont les parois sont tapissées par une toile ; un cône en tôle, glissant de haut en bas, fait l'office de racloir et détache le noir de fumée qui s'est déposé sur la toile (fig. 63).

Le noir de fumée est employé en peinture, et pour la fabrication de l'encre de Chine et de l'encre d'imprimerie.

§ II. — Carbone : C = 12.

120. État naturel. — Le carbone entre dans la composition de toutes les substances organiques. On le trouve dans le sol à l'état libre (diamant, houille, lignite), ou à l'état combiné (carbonates de chaux, de fer, etc.).

121. Propriétés physiques. — Le carbone est un corps simple, solide, sans odeur ni saveur.

Il ne se volatilise qu'à la température de l'arc électrique, vers 3600°, et il n'est soluble que dans les métaux en fusion.

122. Propriétés chimiques. — Action de l'oxygène. — Le carbone est inaltérable à l'air à la température ordinaire ; mais il jouit, à une température élevée, d'une très grande affinité pour l'*oxygène*, avec lequel il forme deux combinaisons :

1° l'*oxyde de carbone* :

$$C + O = CO,$$

Carbone.   Oxygène.   Oxyde de carbone.

qui prend naissance quand le carbone est en excès ou que la température est celle du rouge vif ;

2° l'*anhydride carbonique* :

$$C + 2O = CO_2,$$

Carbone.   Oxygène.   Anhydride carbonique.

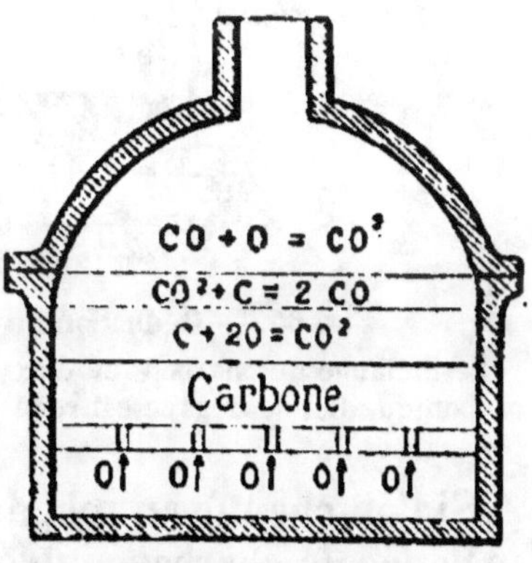

Fig. 64. — Formation et décomposition du gaz carbonique dans un foyer.

qui se produit si l'oxygène est en quantité suffisante (fig. 64).

Action du soufre. — Le carbone, au rouge, se combine à la vapeur de *soufre*, pour donner le *sulfure de carbone* CS^2.

$$C + S^2 = CS^2.$$
Carbone.   Soufre.   Sulfure
de carbone.

Action de l'hydrogène. — Il se combine directement à l'*hydrogène*, sous l'action de l'arc voltaïque ; on obtient de l'acétylène C^2H^2 ; mais il existe un très grand nombre de composés hydrogénés du carbone, connus sous le nom général d'*hydrocarbures*.

Action sur les composés. — L'affinité du carbone pour l'oxygène en fait un réducteur, très employé en métallurgie pour extraire les métaux Fe, Zn, etc., de leurs *oxydes*.

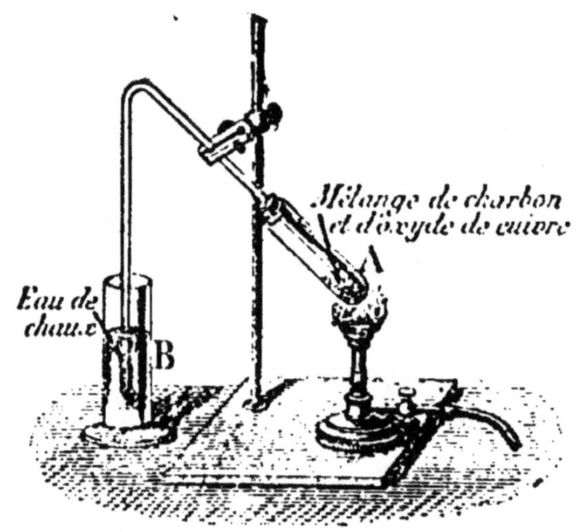

Fig. 65. — Réduction de l'oxyde de cuivre par le charbon.

Le mélange de charbon et d'oxyde de cuivre est chauffé en A, et le gaz carbonique qui se dégage est reçu dans l'eau de chaux de l'éprouvette B.

Si l'on chauffe au rouge sombre, dans un tube à essai, un mélange de charbon pulvérisé et d'*oxyde de cuivre*, il se dégage du gaz carbonique, et il reste du cuivre métallique reconnaissable à sa couleur rouge (fig. 65) :

$$2CuO + C = CO^2 + 2Cu.$$
Oxyde   Carbone.   Gaz   Cuivre.
de cuivre.   carbonique.

L'oxyde de zinc est réduit par le charbon à la température du rouge vif; il se produit du zinc et de l'oxyde de carbone :

$$ZnO \quad + \quad C \quad = \quad CO \quad + \quad Zn.$$

Oxyde de zinc.   Carbone.   Oxyde de carbone.   Zinc.

La *vapeur d'eau*, passant dans un tube contenant des charbons chauffés (fig. 66), donne, dans la région où le tube

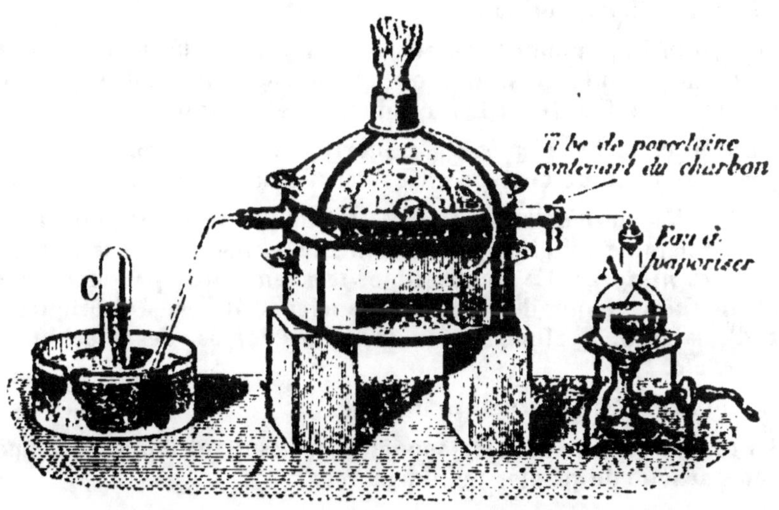

Fig. 66. — Décomposition de la vapeur d'eau par le charbon.
La vapeur produite en A passe sur des charbons chauffés dans le tube B,
et les gaz obtenus sont recueillis en

est chauffé au rouge vif, de l'oxyde de carbone et de l'hydrogène :

$$H^2O \quad + \quad C \quad = \quad CO \quad + \quad H^2.$$

Eau.   Carbone.   Oxyde de carbone.   Hydrogène.

Dans les parties du tube chauffées seulement au rouge sombre, il se produit du gaz carbonique et de l'hydrogène :

$$2H^2O \quad + \quad C \quad = \quad CO^2 \quad + \quad 2H^2.$$

Eau.   Carbone.   Gaz carbonique.   Hydrogène.

RÉSUMÉ

Les combustibles ont le carbone pour élément fondamental. Ils peuvent se diviser en deux groupes principaux : les charbons naturels et les charbons artificiels.

Les charbons naturels sont :

Le *diamant*, carbone cristallisé, ordinairement incolore, brillant, très dur, de densité 3,5. Ce charbon est utilisé en joaillerie ; on le taille en rose ou en brillant.

Le *graphite*, nommé aussi *plombagine* ou *mine de plomb*, est en lames feuilletées, douces au toucher, laissant une trace grise sur le papier. Il est bon conducteur électrique.

L'*anthracite*, ou *charbon de pierre*, est un combustible qui dégage beaucoup de chaleur en brûlant, mais exige un bon tirage.

La *houille*, ou *charbon de terre*, est noire, brillante ; elle brûle avec une flamme fuligineuse. On distingue les houilles *grasses, demi-grasses et maigres*. Ce combustible, très employé, provient de la décomposition lente des végétaux anciens ; il sert à fabriquer le gaz d'éclairage, à alimenter le foyer des forges, des machines à vapeur, etc.

Le *lignite* offre la structure du bois.

La *tourbe* est une matière spongieuse, résultant d'une décomposition partielle de plantes marécageuses.

Les charbons artificiels sont :

Le *coke*, résidu de la distillation de la houille ;

Le *charbon des cornues*, couche grise et dure qui incruste les parois intérieures des cornues à gaz d'éclairage ;

Le *charbon de bois*, résidu de la distillation ou de la combustion incomplète du bois ;

Le *noir animal*, résultat de la calcination des os en vase clos ;

Le *noir de fumée*, produit de la combustion des matières grasses ou résineuses.

Le carbone est l'élément principal des substances organiques. Il existe dans le sol à l'état libre (charbons naturels) ou combiné (carbonates).

C'est un solide, cristallisé ou amorphe, inodore et insipide ; il ne se dissout que dans les métaux en fusion. Il est inaltérable à l'air à la température ordinaire, mais se combine, à chaud, avec l'oxygène pour former l'oxyde de carbone et le gaz carbonique. Les combinaisons de carbone et d'hydrogène sont très nombreuses.

CHAPITRE XIV

GAZ CARBONIQUE ET OXYDE DE CARBONE

§ I. — Anhydride carbonique : $CO_2 = 44$.

123. Historique. — L'anhydride carbonique a été découvert en 1648, par Van Helmont, chimiste belge. En 1776, Lavoisier établit sa composition; Dumas et Stas en firent la synthèse exacte en 1840.

124. État naturel. — L'anhydride carbonique existe dans l'air atmosphérique. On le trouve en dissolution dans certaines eaux, et en combinaison, à l'état de carbonate de chaux CO_3Ca, dans une foule de corps (coquilles des mollusques, marbres, craie, etc.).

Il se dégage abondamment des fours à chaux, des cuves renfermant des substances en fermentation, parfois des fissures du sol, etc. Comme il est plus lourd que l'air, il s'accumule facilement dans les bas-fonds (*grotte du Chien*, près de Naples).

Il s'en forme encore dans la combustion des matières organiques et par la respiration des animaux, etc.

125. Préparation. — **Par un carbonate et un acide.** — On décompose, dans un flacon à deux tubulures, du carbonate de calcium (craie, marbre) par l'acide chlorhydrique étendu d'eau. L'anhydride carbonique est mis en liberté, il se forme de l'eau et du chlorure de calcium $CaCl_2$, qui reste en dissolution :

$$CO_3Ca \quad + \quad 2HCl \quad = \quad CO_2 \quad + \quad CaCl_2 \quad + \quad H_2O.$$

Carbonate de calcium.	Acide chlorhydrique.	Gaz carbonique.	Chlorure de calcium.	Eau.

On pourrait remplacer l'acide chlorhydrique par l'acide

sulfurique; mais, dans ce cas, il se forme du sulfate de calcium presque insoluble (plâtre), qui s'oppose à l'action de l'acide sur le carbonate non décomposé.

126. Propriétés physiques. — L'anhydride carbonique est un gaz incolore, d'une odeur légèrement piquante, d'une saveur aigrelette. L'eau en dissout à peu près son volume à la température ordinaire et sous la pression de 76^{cm}.

L'eau chargée d'anhydride carbonique peut dissoudre du carbonate de calcium, qu'elle laisse ensuite déposer quand l'anhydride carbonique se dégage (*eaux incrustantes* ou *pétrifiantes*).

Fig. 67.
Action du gaz carbonique
versé sur une bougie.

L'anhydride carbonique se liquéfie lorsqu'on le comprime à 36 atmosphères, dans un tube entouré de glace. L'évaporation du liquide obtenu produit un froid suffisant pour solidifier une partie du liquide sous forme de neige.

La grande densité de ce gaz, 1,529, permet de le verser facilement d'une éprouvette dans une autre (fig. 67).

127. Propriétés chimiques. — L'anhydride carbonique n'est ni combustible ni comburant. Comme l'azote, il éteint les corps en combustion; mais il s'en distingue, en ce qu'il trouble l'eau de chaux par la formation de carbonate de calcium, et qu'il fait passer au rouge vineux la teinture bleue de tournesol.

Action des réducteurs. — L'*hydrogène* et le *carbone* enlèvent de l'oxygène au gaz carbonique, et le transforment en oxyde de carbone.

Avec le *potassium* ou le *sodium*, on a un carbonate alcalin et un dépôt de charbon.

Action sur l'organisme. — C'est un gaz impropre à la respiration. Un chien, placé dans une atmosphère contenant

10 % d'anhydride carbonique, est d'abord violemment surexcité, puis devient peu à peu insensible; si la proportion atteint 30 %, il succombe rapidement.

On doit donc éviter de séjourner dans les endroits où l'anhydride carbonique peut s'accumuler. Pour reconnaître si l'air d'une cave ou d'une cuve est vicié, on y descend une bougie allumée (fig. 68) ; si elle s'éteint, il faut assainir l'air, soit en aérant, soit en neutralisant le gaz carbonique par l'ammoniaque.

En se combinant avec une molécule d'eau, l'anhydride carbonique donne l'acide carbonique CO^1H^2, qui n'a pas été isolé, mais dont on connaît nombre de sels (*carbonates*).

C'est un acide bibasique.

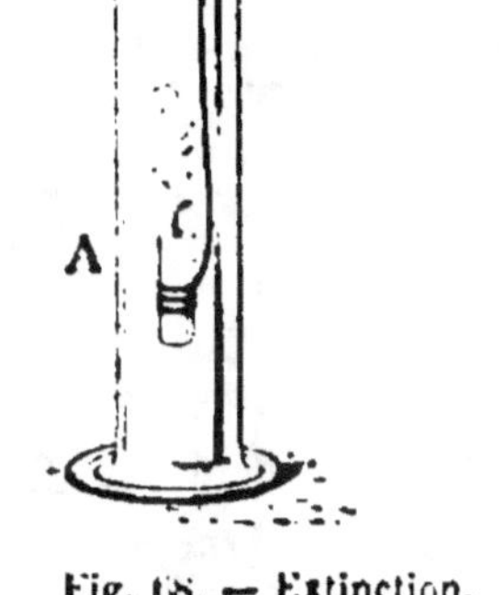

Fig. 68. — Extinction, par l'anhydride carbonique, d'une bougie allumée.

128. Usages. — L'eau de Seltz n'est autre chose qu'une dissolution, sous pression, d'anhydride carbonique dans l'eau. On peut en obtenir une petite quantité, en projetant dans l'eau un mélange pulvérisé de bicarbonate de sodium et d'acide tartrique.

La mousse, le pétillement, la saveur aigrelette des boissons gazeuses (bière, limonade, etc.), sont dus au gaz carbonique qu'elles renferment.

L'industrie emploie l'anhydride carbonique dans l'extraction du sucre de betterave et dans la fabrication de la céruse (carbonate de plomb).

§ II. — Oxyde de carbone : CO = 28.

129. Production. — L'*oxyde de carbone* se produit dans la combustion incomplète du carbone; c'est lui qui donne naissance aux flammes bleues que l'on observe dans la combustion du charbon de bois.

130. Préparation. — Par l'acide oxalique et l'acide sulfurique. — On chauffe, dans un ballon, un mélange d'acide oxalique $C_2H_2O_4$ et d'acide sulfurique SO_4H_2. L'acide oxalique perd de l'eau, la cède à l'acide sulfurique, et se dédouble en oxyde de carbone CO et anhydride carbonique CO_2 :

$$C_2H_2O_4 = CO + CO_2 + H_2O.$$

Acide oxalique.   Oxyde de carbone.   Gaz carbonique.   Eau.

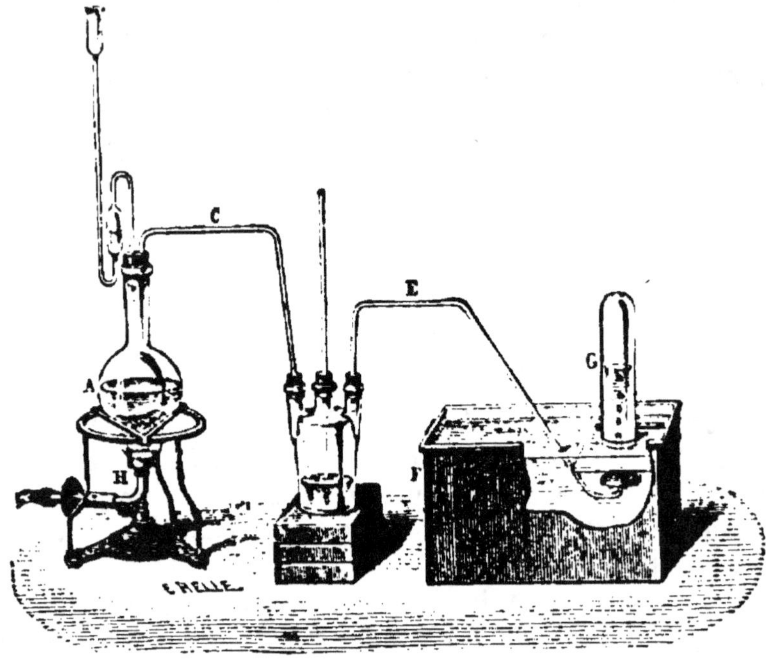

Fig. 69. — Préparation de l'oxyde de carbone.

Le mélange gazeux d'oxyde de carbone et d'anhydride carbonique passe dans une dissolution de potasse, qui retient le gaz carbonique, et l'oxyde de carbone se dégage (fig. 69).

Remarque. — En projetant de l'eau sur des charbons ardents, il se produit aussi de l'oxyde de carbone en même temps que de l'hydrogène :

$$C + H_2O = CO + H_2.$$

Carbone.   Eau.   Oxyde de carbone.   Hydrogène.

Cette dernière réaction explique comment les forgerons activent le foyer de leur forge en y projetant de l'eau.

131. Propriétés. — **Propriétés physiques.** — L'oxyde de carbone est un gaz incolore, inodore, insipide, peu soluble dans l'eau ; sa densité est de 0,967.

Propriétés chimiques. — Dans l'air ou dans l'oxygène, l'oxyde de carbone brûle avec une flamme bleue, très chaude, en produisant de l'anhydride carbonique :

$$CO \;+\; O \;=\; CO^2.$$

Oxyde   Oxygène.   Gaz
de carbone.   carbonique.

L'oxyde de carbone est un *réducteur*, car il tend à s'emparer de l'oxygène pour se transformer en anhydride carbonique.

Action physiologique. — L'oxyde de carbone est un poison violent ; respiré, même en petite quantité, il peut occasionner des accidents très graves. C'est pourquoi il est indispensable de prendre toutes les précautions possibles, pour bien assurer le tirage des poêles dans lesquels on brûle du charbon ; d'autre part, il a la propriété de traverser la fonte rougie par la chaleur, il faut donc éviter de chauffer les poêles jusqu'au rouge.

132. Usages. — L'oxyde de carbone intervient souvent en métallurgie comme réducteur des oxydes métalliques. C'est ainsi que l'on peut réduire l'oxyde de cuivre :

$$CuO \;+\; CO \;=\; Cu \;+\; CO^2.$$

Oxyde   Oxyde   Cuivre.   Anhydride
de cuivre.   de carbone.   carbonique.

Dans les hauts fourneaux, l'oxyde de fer se trouve réduit suivant la réaction :

$$Fe^2O^3 \;+\; 3CO \;=\; 3CO^2 \;+\; 2Fe.$$

L'oxyde de carbone constitue le *gaz pauvre* pour moteurs.

133. Flamme. — La flamme provient de la combustion d'un gaz ou d'une vapeur. Sa température varie suivant la nature du combustible et l'énergie de la combinaison ; son éclat et sa coloration dépendent des particules solides qu'elle renferme et qui sont portées à l'incandescence. Ainsi la flamme de l'hydrogène est très chaude et peu éclairante, parce qu'elle ne contient pas de particules solides; tandis que la flamme d'une bougie est moins chaude, mais plus brillante, parce qu'elle renferme des particules de carbone, comme on peut s'en convaincre en l'écrasant avec une soucoupe.

Les sels de sodium colorent la flamme en jaune, les sels de cuivre et de baryum en vert, les sels de strontium en rouge, les sels de potassium en violet, etc.

Constitution de la flamme. — Si l'on examine attentivement la flamme d'une bougie, on y remarque trois régions (fig. 70) :

1° Un cône central obscur A, presque froid, renfermant des gaz qui ne brûlent pas, faute d'air;

2° Une zone brillante B, formée de gaz en combustion qui portent à l'incandescence les particules de carbone qu'ils renferment; c'est le carbone incandescent qui donne à cette partie de la flamme son pouvoir *réducteur (feu de réduction)*;

3° Une enveloppe extrêmement chaude c, peu éclairante, où les particules solides sont brûlées; la pointe de cette région est la partie la plus chaude de la flamme; elle possède un grand pouvoir *oxydant (feu d'oxydation)*.

Fig. 70. — Constitution de la flamme d'une bougie.

A, zone obscure ; B, enveloppe brillante ; b, feu de réduction ; c, feu d'oxydation.

RÉSUMÉ

L'anhydride carbonique ou gaz carbonique se prépare en attaquant le carbonate de calcium par les acides chlorhydrique ou sulfurique.

C'est un gaz incolore, d'une saveur aigrelette, de densité 1,529, soluble dans l'eau et facilement liquéfiable. Il n'est ni comburant ni combustible, et n'entretient pas la respiration.

L'eau de Seltz est une dissolution aqueuse de gaz carbonique. Ce gaz est la cause déterminante de la saveur aigrelette des boissons gazeuses. L'industrie utilise le gaz carbonique pour la fabrication de la céruse.

Pour préparer l'oxyde de carbone, on décompose, par la chaleur et l'acide sulfurique concentré, l'acide oxalique en gaz carbonique, oxyde de carbone et eau. L'acide sulfurique retient l'eau ; le gaz carbonique est absorbé par un flacon laveur contenant de la potasse ; l'oxyde de carbone se dégage.

L'oxyde de carbone est un gaz incolore, inodore, insipide, combustible, très toxique.

C'est un réducteur qui intervient en métallurgie.

PROBLÈMES

----

1. — *Trouver le poids moléculaire de l'acide sulfurique* SO^4H^2. *Poids atomiques de* $S = 32$, *de* $O = 16$, *de* $H = 1$.

2. — *Quel est le poids moléculaire du sulfate d'ammonium* $SO^4(AzH^4)^2$? *Poids atomiques de* $S = 32$, *de* $O = 16$, *de* $Az = 14$, *de* $H = 1$.

3. — *Trouver le poids moléculaire du chlorate de potassium* ClO^3K. *Poids atomiques de* $Cl = 35,5$, *de* $O = 16$, *de* $K = 39$.

4. — *Quelle est la différence entre les poids moléculaires du carbonate neutre de potassium* CO^3K^2 *et du bicarbonate* CO^3HK? *Poids atomiques de* $C = 12$, *de* $O = 16$, *de* $K = 39$, *de* $H = 1$.

5. — *Quel est le rapport des poids moléculaires de l'acide sulfurique* SO^4H^2 *et du sulfate de calcium* SO^4Ca? *Poids atomiques de* $S = 32$, *de* $O = 16$, *de* $H = 1$, *de* $Ca = 40$.

6. — *Combien une molécule de carbonate de calcium,* CO^3Ca, *pèse-t-elle de fois plus qu'une molécule d'hydrogène? Poids atomiques de* $C = 12$, *de* $O = 16$, *de* $Ca = 40$, *de* $H = 1$.

7. — *Quel est le rapport des poids moléculaires du chlorure d'ammonium* AzH^4Cl *et du gaz ammoniac* AzH^3? *Poids atomiques de* $Az = 14$, *de* $H = 1$, *de* $Cl = 35,5$.

8. — *Quel est le rapport du poids atomique de l'azote* Az, *au poids moléculaire de l'azotate de sodium* AzO^3Na? *Poids atomique de* $Az = 14$, *de* $O = 16$, *de* $Na = 23$.

9. — *Le poids moléculaire d'un composé A égale* 53,5. *La chaleur décompose A en deux autres corps B et C, dont les poids moléculaires sont entre eux dans le rapport* $^{34}/_{13}$. *Quels sont les poids moléculaires de B et de C?*

10. — *La molécule d'un corps A renferme 3 atomes d'un corps B, 1 atome d'un corps C et 1 atome d'un corps D. On demande le poids moléculaire de A, sachant que le poids atomique de* $B = 16$, *celui de* $C = 14$, *et celui de* $D = 1$.

11. — *On combine ensemble deux corps dont les poids moléculaires sont 17 et 36,5. Quel sera le poids moléculaire du composé, sachant qu'on prend une molécule de chaque composant?*

12. — *En décomposant par la chaleur un corps dont le poids moléculaire égale 100, on obtient deux nouveaux corps. Le poids moléculaire de l'un de ces derniers étant 44, quel sera le poids moléculaire de l'autre?*

13. — *Dans une équation chimique dont chaque membre comprend deux termes, les poids moléculaires des termes du premier membre sont entre eux dans le rapport $^{49}/_{33}$; ceux des termes du second membre, dans le rapport de $^{81}/_1$. Le poids moléculaire du premier terme étant 98, on demande les poids moléculaires des trois autres termes.*

14. — *Dans une équation chimique dont les deux membres renferment chacun deux termes, on a : 159,5 pour la somme des poids moléculaires des termes du premier membre; le poids moléculaire du premier terme du second membre égale 101; quel sera le poids moléculaire de l'autre terme?*

15. — *Le poids moléculaire d'un composé binaire égale 111^{gr}; l'un des deux éléments est bivalent et a pour poids atomique 40. On demande le poids atomique de l'autre élément qui est monovalent.*

16. — *Dans un composé binaire, les poids atomiques des deux éléments sont entre eux dans le rapport de 2 à 1; le nombre d'atomes du premier est à celui du second dans le rapport de 1 à 3. Quel est le poids atomique de chacun des éléments, sachant que le poids moléculaire du composé est 80?*

17. — *Les poids atomiques des éléments d'un composé binaire sont entre eux dans le rapport de 7 à 8; le nombre d'atomes du premier est égal à la moitié du nombre d'atomes du second. Quel sera le poids moléculaire du composé, sachant que le poids atomique du premier élément est 14?*

18. — *Deux gaz se sont combinés dans la proportion de 400^{cc} du premier avec 200^{cc} du second. Quel sera le volume du mélange?*

19. — *Quel est le nom du composé formé avec 55^{gr} de manganèse et 32^{gr} d'oxygène? Poids atomiques de Mn = 55, de O = 16.*

20. — *Quelle sera la formule du corps formé par la combinaison de 28^{gr} d'azote, 96^{gr} d'oxygène et 40^{gr} de calcium? Poids atomiques de Az = 14, de O = 16, de Ca = 40.*

21. — *Dans la préparation de l'acide azotique par la décomposition de l'azotate de potassium, quel est le rapport du poids moléculaire de l'acide sulfurique employé, au poids moléculaire de* *l'azotate décomposé? Poids atomiques de* $K = 39$, *de* $O = 16$, *de* $S = 32$, *de* $Az = 14$, *de* $H = 1$.

22. — *Quel est le poids d'eau liquide obtenu par la combustion de* 200^{gr} *d'hydrogène? Poids atomiques de* $H = 1$, *de* $O = 16$.

23. — *On fait passer* 100^{gr} *de vapeur d'eau sur du fer chauffé au rouge. Quel est le poids d'hydrogène recueilli? Poids atomiques de* $H = 1$, *de* $O = 16$.

24. — *Quel poids de fer faut-il pour décomposer au rouge* 500^{cc} *de vapeur d'eau? Poids du litre de vapeur d'eau* $= 0^{gr},786$; *poids atomiques de* $Fe = 56$, *de* $O = 16$, *de* $H = 1$.

25. — *Quels sont les poids d'oxygène et d'hydrogène recueillis en décomposant complètement par la chaleur* 360^{gr} *de vapeur d'eau? Poids atomiques de* $O = 16$, *de* $H = 1$.

26. — *Les éprouvettes d'un voltamètre ont chacune une capacité de* 4 *décilitres. L'une d'elles est à moitié remplie d'hydrogène; quel est le poids de l'eau décomposée? Poids du litre d'hydrogène* $= 0^{gr},089$; *poids atomiques de* $H = 1$, *de* $O = 16$.

27. — *Quel poids d'oxygène peut-on préparer avec* 5^{kg} *de chlorate de potassium? Poids atomiques de* $K = 39$, *de* $O = 16$, *de* $Cl = 35,5$.

28. — *Quel poids d'oxygène peut-on préparer avec* 5^{kg} *de bioxyde de manganèse* MnO^2? *Poids atomique de* $Mn = 55$, *de* $O = 16$.

29. — *Quel poids de chlorate de potassium faut-il décomposer pour préparer* 100^l *d'oxygène? Poids du litre d'oxygène* $= 1^{gr},43$; *poids atomiques de* $O = 16$, *de* $Cl = 35,5$.

30. — *Quel poids de bioxyde de manganèse* MnO^2 *faut-il décomposer pour préparer* 100^l *d'oxygène? Poids du litre d'oxygène* $= 1^{gr},43$; *poids atomiques de* $Mn = 55$, *de* $O = 16$.

31. — *Quel est le volume d'air qui contient un volume d'oxygène égal à celui que l'on obtiendrait par la décomposition de* 100^{cc} *de vapeur d'eau?*

32. — *Quel est le volume d'air nécessaire à la combustion de* 1^{kg} *de charbon? Poids atomique de* $C = 12$, *de* $O = 16$; *poids du mètre cube d'air,* 1^{kg},293.

33. — *Quel volume d'hydrogène faut-il introduire dans un eudiomètre contenant* 100^{cc} *d'air, pour que tout l'oxygène de l'air soit transformé en vapeur d'eau, après le passage de l'étincelle électrique?*

34. — *Un homme adulte consomme à peu près* 1^l,26 *d'oxygène par minute; quel volume d'air consommeront* 10 *hommes pendant* 2 *heures?*

35. — *Combien peut-on préparer de litres d'hydrogène avec* 490^{gr} *d'acide sulfurique* SO^4H^2 ? *Poids du litre d'hydrogène* = 0^{gr},089 ; *poids atomiques de* H = 1, *de* O = 16, *de* S = 32, *de* Zn = 65.

36. — *On a dépensé* 2 *fr.* 88 *pour préparer l'hydrogène nécessaire à une séance de projections à la lumière oxhydrique.*

Combien de temps durera la séance, si on brûle 600^l *d'hydrogène par heure ? Le zinc coûte* 0 *fr.* 25 *le kilogr., l'acide sulfurique* 0 *fr.* 20 ; *le poids du litre d'hydrogène* = 0^{gr},089.

37. — *Pour gonfler un aérostat, il a fallu* 1000^{mc} *de gaz d'éclairage au prix de* 0 *fr.* 20 *le mètre cube.*

De combien la dépense aurait-elle augmenté si l'on avait substitué l'hydrogène au gaz d'éclairage ?

Prix du kilogr. d'acide sulfurique = 0,15 ; *prix du kg. de zinc* = 0,25.

38. — *On introduit* 132^{gr} *de zinc dans* 200^{gr} *d'acide sulfurique* O^4H^2. *Restera-t-il, après la réaction, un excès de l'un des deux corps, et quel sera cet excès ?*

39. — *Combien de litres de chlore peut-on préparer avec* 274^{gr},05 *de bioxyde de manganèse* MnO^2 ? *Poids atomiques de* Mn = 55, *de* O = 16, *de* H = 1, *de* Cl = 35,5 ; *poids du litre de chlore* = 3,18.

40. — *Quelle quantité de bioxyde de manganèse* MnO^2 *faudra-t-il décomposer par l'acide chlorhydrique* HCl, *pour préparer* 284^{gr} *de chlore ? Poids atomiques de* Mn = 55, *de* O = 16, *de* H = 1, *de* Cl = 35,5.

41. — *Combien faudra-t-il de flacons de* 500^{cc}, *pour recueillir le chlore obtenu en faisant réagir* 1570^{gr} *d'acide chlorhydrique* HCl *sur du bioxyde de manganèse* MnO^2 *en excès ? Poids de* 1000^{cc} *de chlore* = 3^{gr},18 ; *poids atomiques de* Mn = 55, *de* O = 16, *de* H = 1, *de* Cl = 35,5.

42. — *Quel poids d'acide sulfurique* SO^4H^2 *et de sel marin* $NaCl$ *faut-il employer pour obtenir* 1^{mc} *d'acide chlorhydrique gazeux ? Poids du décimètre cube d'acide chlorhydrique* = 1^{gr},63 ; *poids atomiques de* H = 1, *de* S = 32, *de* O = 16, *de* Na = 23, *de* Cl = 35,5.

43. — *Quel est le volume d'anhydride sulfureux* SO^2 *obtenu par la combustion de* 2^{gr} *de soufre ? Poids atomique de* S = 32 *de* O = 16. *Poids du litre d'anhydride sulfureux* = 2^{gr},80.

44. — *Quel poids de sulfure de fer* FeS *faut-il traiter par l'acide chlorhydrique* HCl, *pour obtenir* 1^{gr} *d'acide sulfhydrique* H^2S ? *Poids atomiques de* Fe = 56, *de* S = 32, *de* H = 1.

45. — *On veut remplir* 17 *flacons de* 2 *litres avec du gaz sulfhydrique ; quel poids de sulfure de fer* FeS *faudra-t-il attaquer* par l'acide chlorhydrique HCl? *Poids du litre de gaz sulfhydrique* = 1^{gr},5; *poids atomiques de* Fe = 56, *de* S = 32, *de* H = 1.

46. — *Quel est le poids de gaz ammoniac que l'on peut préparer avec* 500^{gr} *de chlorure d'ammonium? Poids atomiques de* Az = 14, *de* H = 1, *de* Cl = 35,5.

47. — *Quel est le poids de chlorure d'ammonium nécessaire à la préparation de* 50^l *de gaz ammoniac? Poids du litre de gaz ammoniac* = 0^{gr},66; *poids atomiques de* Az = 14, *de* H = 1, *de* Cl = 35,5.

48. — *Quel poids d'azotate de sodium* AzO^3Na *peut-on décomposer avec* 490^{gr} *d'acide sulfurique* SO^4H^2? *Poids atomiques de* Az = 14, *de* O = 16, *de* Na = 23, *de* S = 32, *de* H = 1.

49. — *On fait réagir* 350^{gr} *d'azotate de potassium* AzO^3K *sur* 98^{gr} *d'acide sulfurique* SO^4H^2. *Quels sont les corps présents à la fin de la réaction, et quel est le poids de chacun de ces corps? Poids atomiques de* Az = 14, *de* O = 16, *de* S = 32, *de* K = 39, *de* H = 1.

50. — *Combien de molécules de potasse* KOH *faut-il pour remplacer complètement l'hydrogène de l'acide sulfurique* SO^4H^2 *par le potassium?*

TABLE DES MATIÈRES

CHAPITRE IX

CHAPITRE X

Nomenclature chimique et notation atomique.

CHAPITRE XI

CHAPITRE XII

CHAPITRE XIII

CHAPITRE XIV

38583. — TOURS, IMPR. MAME.